JN068107

Exercise book for Astronomy-Space Test

天文宇宙検定

公式問題集
── 星空博士 ──

天文宇宙検定委員会 編

3級
2020～2021年

恒星社厚生閣

天文宇宙検定 とは

　科学は本来楽しいものです。楽しさは、意外性、物語性、関係性、歴史性、予言力、洞察力、発展性などが、具体的なものを通じて語られる必要があります。そして何よりも、それを伝える人が楽しまなければなりません。人と人が接し合って伝え合うことの大切さを見直してみる必要があるでしょう。

　宇宙とか天文は、科学をけん引していく重要な分野です。天文宇宙検定は、単に知識の有無を検定するのではなく、「楽しく」、「広がりを持つ」、「考えることを通じて何らかの行動を起こすきっかけをつくる」検定でありたいと願っています。

　個人の楽しみだけに閉じず、多くの市民に広がり、生きた科学に生身で接する検定を目指しておりますので、みなさまのご支援をよろしくお願いいたします。

総合研究大学院大学名誉教授

池内　了

天文宇宙検定３級問題集について

　本書は第１回（2011 年実施）〜第９回（2019 年実施）の天文宇宙検定
３級試験に出題された過去問題と、予想問題を掲載しています。
・本書の章立ては公式テキストに準じた構成になっています。
・２ページ（見開き）ごとに問題、正解・解説を掲載しました。
・過去問題の正答率は、解説の右下にあります。

　天文宇宙検定３級は、公式テキストと公式問題集をしっかり勉強してい
ただければ、天文宇宙検定にチャレンジできるとともに、天文宇宙の世界
を愉しんでいただくことができます。

天文宇宙検定　受験要項

受験資格　　天文学を愛する方すべて。２級からの受験も可能です。年齢など制限はございません。
　　　　　　※ただし、１級は２級合格者のみが受験可能です。

出題レベル　　**１級 天文宇宙博士（上級）**
　　　　　　理工系大学で学ぶ程度の天文学知識を基本とし、天文関連時事問題や天文関連の教養力
　　　　　　を試したい方を対象。
　　　　　　２級 銀河博士（中級）
　　　　　　高校生が学ぶ程度の天文学知識を基本とし、天文学の歴史や時事問題等を学びたい方を
　　　　　　対象。
　　　　　　３級 星空博士（初級）
　　　　　　中学生が学ぶ程度の天文学知識を基本とし、星座や暦などの教養を身につけたい方を対
　　　　　　象。
　　　　　　４級 星博士ジュニア（入門）
　　　　　　小学生が学ぶ程度の天文学知識を基本とし、天体観測や宇宙についての基礎的知識を得
　　　　　　たい方を対象。

問題数　　　１級／40 問　２級／60 問　３級／60 問　４級／40 問

問題形式　　マークシート４者択一方式　　　試験時間　　50 分

合格基準　　１級・２級／100 点満点中 70 点以上で合格
　　　　　　３級・４級／100 点満点中 60 点以上で合格
　　　　　　※ただし、１級試験で 60 〜 69 点の方は準１級と認定します。

試験の詳細につきましては、下記ホームページにてご案内しております。

http://www.astro-test.org/

Exercise book for Astronomy-Space Test

天文宇宙検定

CONTENTS

1 章

EXERCISE BOOK FOR ASTRONOMY·SPACE TEST

星の名前七不思議

Q1 衛星とはどのような天体か。

① 恒星のまわりを回る天体
② 惑星のまわりを回る天体
③ 銀河と銀河の間で孤立している天体
④ 連星のうち小さい方の天体

Q2 太陽はどんな天体か。

① 自ら輝いている恒星
② 岩石でできている衛星
③ ガスでできている惑星
④ 氷でできている彗星

Q3 太陽の主な材料は何か。

① 酸素
② 水素
③ 窒素
④ 炭素

太陽に対して、太陰と呼ばれる天体はどれか。

① 月　　　　② 彗星

③ 金星　　　④ 土星

お日さまの「日」という漢字は、どのようにつくられたと考えられるか。

① □は窓、－は地平線

② □は時間、－は昼と夜の境目

③ □は太陽の形を表す○が転じたもの、－は太陽の黒点を表す・が転じたもの

④ □は太陽系を表す○が転じたもの、－は太陽の位置を表す・が転じたもの

漢字の「月」という字は、何の絵文字から変化してできたものか。

① 三日月

② 上弦の月

③ 満月

④ 下弦の月

② 惑星のまわりを回る天体

太陽などの自ら光り輝く天体を恒星といい、地球などのように恒星のまわりを回る天体を惑星という。さらに、月などのように惑星のまわりを回る天体を衛星という。また、準惑星や小惑星のまわりを回る天体も発見されており、これらも衛星と呼ぶ。

 ① 自ら輝いている恒星

太陽は水素やヘリウムでできた高温のガス球で、自ら輝きエネルギーを出している。

第1回正答率98.0%

 ② 水素

太陽の正体は、ほとんど水素ガス（と2割ほどのヘリウムと、ごくわずかな他の元素）でできた高温の巨大なガス球である。現在は水素を燃焼して輝いているため、年を重ねるうちに水素の割合は減っていき、残りかすであるヘリウムの割合が増えていく。

① 月

太陽や太陰は中国由来の呼び方である。一方、お日さまやお月さまは日本古来の呼び方である。

 ③ □は太陽の形を表す○が転じたもの、－は太陽の黒点を表す・が転じたもの

太陽の表面には、巨大黒点と呼ばれる黒く見える領域が見えることがあるので、○の中に・を入れた絵文字が変化して「日」という漢字ができたとされている。

第6回正答率 84.8%

 ① 三日月

月は満ち欠けするので、常にまるい形の太陽と区別するために三日月の形で表したと考えられる。ちなみに、「夕」という漢字も、月が傾いた様子を表しているとされる。

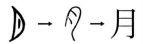

Q7 2019 年はドミトリ・メンデレーフが元素の周期律(げんそ しゅうきりつ)を発見してから 150 周年にあたる。次の中で名前の由来(ゆらい)が太陽に関係する元素を選べ。

① セレン (Se)

② ヘリウム (He)

③ サマリウム (Sm)

④ セシウム (Cs)

Q8 惑星(わくせい)の何が、大昔の人々を惑(まど)わしていたのだろうか。

① 突然(とつぜん)発光したこと

② 突然消滅(しょうめつ)したこと

③ ふつうの星々の動きと異(こと)なること

④ 地球に降(ふ)りそそぐこと

Q9 次のうち、古代(こだい)ギリシャ語で月を表す言葉はどれか。

① ヘリオス

② セレーネ

③ ゲー

④ テッラ（テラ）

Q 10 次のうち、惑星の特徴を示す文章はどれか。

① 高温で巨大なガス球で自ら輝いている天体

② 太陽のまわりを回っている比較的大きな天体

③ 地球のまわりを回っている岩石でできた天体

④ 太陽のまわりを回っている氷でできた地球より小さな天体

Q 11 惑星という言葉の使い始めについて、正しく述べたものはどれか。

① 国学者の本居宣長が日本の古典より発見、紹介した

② 宣教師マテオ・リッチにより中国から輸入された

③ オランダ通詞の本木良永がつくった

④ 江戸幕府の天文方の高橋至時が、ラランド天文学の翻訳の際にあてた

Q 12 天文符号として、地球を表すものはどれか。

①   ②   ③   ④

 ② ヘリウム (He)

① セレンの由来は月の古代ギリシャ名セレーネ。

② ヘリウムは古代ギリシャ語の太陽＝ヘリオスが由来で正解。

③ サマリウムは当該元素が発見された鉱物、サマルスキー石が由来。

④ セシウムはラテン語で青が由来。 第 9 回正答率 66.7%

 ③ ふつうの星々の動きと異なること

惑星は、太陽のまわりを公転するため、地球から見て天球上で位置を変えて見える。大昔は惑星がどのような天体であるのかわからなかったので、「惑う星」という意味で、惑星と名づけたと考えられる。 第 4 回正答率 95.5%

 ② セレーネ

①は太陽、③は地球、④はラテン語で土地や地球を意味する言葉である。②はギリシャ神話に登場する月の女神の名前に由来する。 第 8 回正答率 77.6%

② 太陽のまわりを回っている比較的大きな天体

①は恒星、③は月（衛星）、④は太陽系外縁天体や彗星のこと。
惑星は自ら光っているわけではなく、太陽のまわりを回っているために、太陽の光を反射して輝いて見える。

③ オランダ通詞の本木良永がつくった

本居宣長は、古事記伝などで知られる国学者で、宇宙に関わる著作は知られていない。
マテオ・リッチは16世紀にヨーロッパと中国の文化の相互紹介をした宣教師であり、
『両儀玄覧』には天動説に基づく宇宙図を描いている。これは日本にも渡ってきており、
知識層は知っていた。火星なども描かれているが、惑星という言葉は使っていない。高橋
至時は、18世紀に寛政の改暦を行い、またティコ・ブラーエの天動説に基づき惑星の
軌道についての研究を行ったが、五星という言葉を盛んに使っており、惑星という言葉を
最初に使ったのではない。日本にコペルニクスの天動説を紹介した本木良永は、翻訳書
『星術本原太陽窮理了解新制天地二球用記』（1792年）の訳語として惑星という
言葉をつくっているほか、恒星、彗星という訳語もつくっている。

第 8 回正答率 38.6%

 ④

④の横線は赤道、縦線は子午線を表す。①②は、天気記号でそれぞれ快晴、晴れを
表す。③は天文符号にも天気記号にも存在しない。 第 9 回正答率 91.0%

1章 星の名前七不思議

15

Q13 古代中国では、主要な五惑星のことを辰星・太白・熒惑・歳星・塡星と呼んでいた。この五惑星に含まれない惑星はどれか。

① 水星

② 金星

③ 土星

④ 海王星

Q14 古代中国で五惑星とは、熒惑、歳星、辰星、太白、塡星をいうが、次のうちこの五惑星と現代の日本での呼び名の組み合わせが正しいものはどれか。

① 歳星＝水星

② 辰星＝金星

③ 太白＝木星

④ 塡星＝土星

Q15 天王星、海王星、冥王星の名前の由来として正しい組み合わせはどれか。

① 天王星―ウラノス、海王星―クロノス、冥王星―プルート

② 天王星―ミネルバ、海王星―クロノス、冥王星―サターン

③ 天王星―ミネルバ、海王星―ネプチューン、冥王星―サターン

④ 天王星―ウラノス、海王星―ネプチューン、冥王星―プルート

Q 16 惑星記号と惑星の名前の組み合わせの正しいものはどれか。

①

水星

②

金星

③

地球

④

火星

Q 17 惑星記号の組み合わせとして正しいものはどれか。

①
木星　天王星　海王星

②
木星　天王星　海王星

③
木星　天王星　海王星

④
木星　天王星　海王星

Q 18 星の名にはアルがつくものが少なくない。このアルがつく星の名前は何語に由来するか。

① ラテン語

② アラビア語

③ サンスクリット語

④ ギリシャ語

A13 ④ 海王星

古代中国では、もともと主要な五惑星を辰星・太白・熒惑・歳星・塡星と呼んでいたが、のちに五行思想（万物は木・火・土・金・水の5種類の元素からなるという説）が反映されて、それぞれ水星・金星・火星・木星・土星と呼ばれるようになった。この他の惑星は、近代になって発見（天王星は1781年、海王星は1846年）された。　　　　　　　　　　　　　　　　　　　　第6回正答率97.7%

A14 ④ 塡星＝土星

辰星＝水星、太白＝金星、熒惑＝火星、歳星＝木星、塡星＝土星である。例えば、熒惑は、火星が光度の変化や逆行がはなはだしいので、その大接近は災いの前兆としてつけられたとされる。また、歳星は、木星が黄道上を約12年周期で移動しているので、木星の位置による紀年法が用いられたことからその名がついたとされる。ちなみに宮城県仙台市には太白山という山があり、「太白（金星）が落ちてできた山」という伝承に基づいて名づけられた。仙台市が政令指定都市に指定された際には、太白区が設けられた。　　　　　　　　　　　　　　　　　　　第9回正答率54.4%

A15 ④ 天王星―ウラノス、海王星―ネプチューン、冥王星―プルート

天王星、海王星、冥王星はそれぞれ、ローマ神話の天の神、海の神、冥界の神の名前が由来となっている。ミネルバはローマ神話の戦争と知恵の神、クロノスはギリシャ神話の大地の神でローマ神話だとサターン（土星）。

A16 ①

水星

水星の惑星記号は、女性記号の上に2本の角が生えたような形をしており、伝令神ヘルメスのもつ2匹の蛇がからみあった杖を表している。②が火星、③が金星、④は天王星。天王星を発見したウィリアム・ハーシェルの頭文字のHを組み合わせている。

A17 ④

木星　天王星　海王星

木星の惑星記号は、数字の4のような形をしているが、大神ゼウスの放った雷を図案化したものらしい。天王星の記号は、天王星を発見したウィリアム・ハーシェルの頭文字のHを図案化している。海王星の記号は、ギリシャ神話の海の神ポセイドンがもつ三叉の戟に由来している。ちなみに、☿は水星で伝令神ヘルメスのもつ2匹の蛇がからみ合った杖を象っている。♇は冥王星（Pluto）でPとLのモノグラム。♄は土星で、アラビア数字の「5」と農耕神サトゥルヌスの持ち物である鎌を合わせたもの。

A18 ②  アラビア語

"アル"はアラビア語の定冠詞（英語のthe）にあたる。"アル"がつく星の名としてはアルタイルやアルデバランなどがある。また他にも、アルコール、アルカリなどアラビア語を起源とする科学用語は多い。

第9回正答率44.1%

Q 19 次の星のうち、「巨人の左足」を意味するものはどれか。

① アルタイル（わし座）

② ベガ（こと座）

③ デネブ（はくちょう座）

④ リゲル（オリオン座）

Q 20 「焼き焦がすもの」を意味するギリシャ語に由来する星はどれか。

① カノープス　　② シリウス

③ スピカ　　　　④ アンタレス

Q 21 南極老人星と呼ばれる星はどれか。

① アクルックス（みなみじゅうじ座）

② カノープス（りゅうこつ座）

③ ピーコック（くじゃく座）

④ フォーマルハウト（みなみのうお座）

Q 22 次の和名が示す星のうち、オリオン座に含まれないものはどれか。

① 三ツ星

② 源氏星

③ 鼓星

④ 牽牛星

Q 23

アンタレスをさそり座アルファ星（省略形αSco）というように、星の正式名をギリシャ語のアルファベットと星座名で表す。このアルファベットは、一般に何にもとづいて決められているか。

① 星の色
② 星の形
③ 星の発見年
④ 星の明るさ

Q 24

はくちょう座の「デネブ」の語源はどれか。

① めんどりの尾
② 飛ぶ鷲
③ 巨人の左足
④ 穀物の穂

④ リゲル（オリオン座）

リゲルはアラビア語で「巨人の左足」の意味で、ギリシャ神話の巨人「オリオン」の足の位置にリゲルがある。①アルタイルは「飛ぶ鷲」、②ベガは「落ちる鷲」、③デネブは「めんどりの尾」の意味である。　第 8 回正答率 86.5%

 ② シリウス

全天で一番明るいおおいぬ座のシリウスは、ギリシャ語で「焼き焦がすもの」という意味の「セイリオス」に由来する。英語では「Dog Star」、中国語ではオオカミの目にたとえて「天狼」、和名では「青星」などとも呼ばれる。

 ② カノープス（りゅうこつ座）

日本や中国などからは高度が低く見えにくいことから、カノープスを見たら長寿になるという伝説が生まれた。なお、約1万2000年後には、地球の歳差運動（地軸のみそすり運動）のため、本当に「南極星」（天の南極にあるという意味で）になる。

 ④ 牽牛星

牽牛星は、わし座のアルタイルの中国名。和名で彦星ともいう。①三ツ星はオリオンのベルトにあたる三つ星を指す和名。②源氏星はリゲルの和名。③鼓星はオリオン座の形を鼓に見立てて呼ばれたもの。

④ 星の明るさ

星の正式名は、明るさを示すギリシャ語のアルファベットと星座名を組み合わせたバイエル符号で表す。星座の中で一番明るい星から、α（アルファ）、β（ベータ）、γ（ガンマ）・・・と順につけている。しかし、ふたご座の場合、一番明るいのはβ星のポルックス（双子の弟）、次に明るいのがα星のカストル（双子の兄）となっている。これは、バイエル符号ができた時代は明るさを目視で観測していたため、現在知られる等級順になっていないからである。ちなみに、88星座中α星がもっとも明るいのは58星座である。また、こじし座・じょうぎ座・とも座・ほ座は、星座の再編や単なるつけ忘れなどによってα星が存在しない。 第9回正答率95.4%

① めんどりの尾

デネブははくちょう座の尾に当たる部分に位置する。ちなみにアルタイル（わし座）は飛ぶ鷲、リゲル（オリオン座）は巨人の左足、スピカ（おとめ座）は穀物の穂を意味する。 第3回正答率70.6%

デネブ

はくちょう座

Q 25 中国で天狼（星）と呼ばれている星はどれか。

① ポラリス

② シリウス

③ カノープス

④ アルタイル

Q 26 次の図の A 地点で観測される現象はどれか。

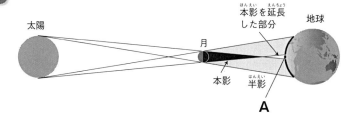

① 皆既日食

② 皆既月食

③ 金環日食

④ 金環月食

Q 27 次の写真の矢印で示した現象はどれか。

① フレア

② 超新星爆発

③ ダイヤモンドリング

④ 部分月食

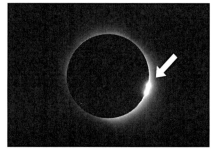

©NAOJ

Q 28

「宇宙」という言葉が表す意味として、正しいものは次のうちどれか。

① 時間と空間

② 過去と未来

③ 北と南

④ 人と神

Q 29

パラス、ジュノー（ユノー）、ベスタ（ウェスタ）、リュウグウと言えば何の名前か。

① 恒星

② 小惑星

③ 彗星

④ 太陽系外縁天体

② **シリウス**

天狼星は中国でシリウスである。ポラリスは現在の北極星で、昔の中国では北の中心の星を帝にあたる星として色々な呼び方をしていた。現在では「北极星（北極星）」としている。カノープスは南極老人星、アルタイルは牽牛星と呼ばれている。

 ③ **金環日食**

太陽と地球の間に月が入って、太陽を隠してしまう現象が日食である。日食の中でも月が太陽を全て隠すものを皆既日食、太陽の縁がリング状に残るものを金環日食と呼んでいる。これは地球と月との距離の違いによって生じる。月が地球から遠いと、本影（図の一番濃い部分）は地球まで届かず、本影の延長上では金環日食となる

 ③ **ダイヤモンドリング**

太陽と地球の間に月が入って、太陽を隠してしまう現象が日食である。月が太陽を全て隠すものが皆既日食、一部だけ隠すものが部分日食である。ダイヤモンドリングは皆既日食の際、太陽が完全に隠される直前や、太陽が月の背後から出てくる直後に、太陽光がわずかにもれて強く輝き、ダイヤモンドの指輪のように見える現象。月の表面が凸凹しているために生じる。

① 時間と空間

中国の前漢時代（紀元前2世紀）の哲学書『准南子』によると、「宇」は「天地四方上下（空間）」、「宙」は「往古来今（時間）」を意味し、「宇宙」で時空（時間と空間）の全体を意味する。

第2回正答率 96.1%

② 小惑星

惑星ほどの大きさはなく球形でないが、太陽のまわりを回る大小さまざまな岩塊を小惑星と呼ぶ（現在までに番号が登録されているものだけでもおよそ54万個以上ある）。1801年に小惑星として初めて発見されたのがケレス（現在は準惑星に分類されている）である。その後、パラス、ジュノー（ユノー）、ベスタ（ウェスタ）が相次いで発見された。リュウグウは、探査機「はやぶさ2」がその表面へのタッチダウンと人工クレーターの生成に成功した小惑星で、2020年末に砂粒を持ち帰る予定。

2章

EXERCISE BOOK FOR ASTRONOMY·SPACE TEST

星座は誰が決めたのか

Q1
ある地域の古い神話は、現在の星座のモチーフとなったものも多い。
その神話はどれか。

① 中国神話
② 日本神話
③ ギリシャ神話
④ ノルウェー神話

Q2
次の図は、どこの宇宙観を表したものか。

① 古代エジプト
② 古代インド
③ 古代中国
④ 古代ギリシャ

Q3
次のうち、ギリシャ・ローマ神話に登場する神の名前をもらった惑星
はどれか。

① レア
② テミス
③ ビーナス
④ ヒュペリオン

Q4

日本神話において、次のうちそれぞれの神と統治した対象の正しい組み合わせはどれか。

① 天照大神（あまてらすおおみかみ）：天、　月読尊（つくよみのみこと）：夜、　素戔嗚尊（すさのおのみこと）：海

② 天照大神：天、　月読尊：海、　素戔嗚尊：夜

③ 天照大神：夜、　月読尊：天、　素戔嗚尊：海

④ 天照大神：夜、　月読尊：海、　素戔嗚尊：天

Q5

星座（せいざ）の正式名称（めいしょう）は何語か。

① アラビア語

② 英語

③ ギリシャ語

④ ラテン語

Q6

星座（せいざ）を形づくる星は以下のどれか。

① 惑星（わくせい）

② 恒星（こうせい）

③ 衛星（えいせい）

④ 彗星（すいせい）

③ ギリシャ神話

現在の88星座のうち、半数あまりはギリシャ神話などを参考につくられた星座。残り
のうち、天の南極を中心とした星座は大航海時代につくられたものが多く、南方の生物
から、きょしちょう座やくじゃく座がつくられた。また、当時の先端技術からつけられた
星座として、けんびきょう座やとけい座がある。

① 古代エジプト

古代エジプトの神話では、横たわった大地の神ゲブの上に大気の神シューが立ち、天
空の女神ヌートを支えている。女神ヌートが毎朝、太陽をはき出し、夕方になると太陽
を飲み込むとされた。 第 7 回正答率 95.9%

③ ビーナス

ビーナスは金星のこと。美の女神の名前である。①レアは土星の衛星（第5衛星）の
名前。ウラノスとガイアの 娘 で全能の神ゼウスの母。②テミスは 小 惑星の名前。ギ
リシャ神話の正義の女神。④ヒュペリオンも土星の衛星（第7衛星）の名前。ウラノ
スとガイアの息子で太陽神ヘリオス、月の女神セレーネ、 曙 の女神エオスの父。

① 天照大神：天、　月読尊：夜、　素戔嗚尊：海

いろいろな地域や民族で宇宙創成の神話が残っているが、日本神話では黄泉の国から戻った伊弉諾尊が川で禊を行った時に天照大神、月読尊、素戔嗚尊の三柱の神が生まれたとされ、天照大神は天(高天原)、月読尊は夜、素戔嗚尊は海原を統治した。伊弉諾尊が自ら生んだ神々の中で最も貴いとされたことから三貴子 (みはしらのうずのみこ) とも呼ばれる。
第9回正答率92.2%

④ ラテン語

星座だけでなく、自然界に存在する事物の正式名称はラテン語で表すのが慣習である。なお、日本語で表す場合は、学名は漢字ではなく、ひらがな (カタカナ) にするのが基本である。
第8回正答率31.7%

② 恒星

恒星は太陽系の外にある天体で遠くにあるため、その位置関係はほとんど変わらない (厳密には変化しているが、何万年という長期間で見た場合に変化がわかる程度)。惑星、衛星、彗星は太陽系内の天体で、短期間で動きを実感できる。

Q7 次のうち、夏の星座でないものはどれか。

① こと座

② しし座

③ はくちょう座

④ わし座

Q8 次のうち、秋の星座でないものはどれか。

① アンドロメダ座

② おとめ座

③ カシオペヤ座

④ みずがめ座

Q9 現在の星座の中で、実際にないものはどれか。

① みなみのうお座

② みなみのかんむり座

③ みなみのさんかく座

④ みなみのへび座

Q 10 CMa という略号で表される冬を代表する星座はどれか。

①
②
③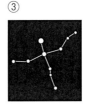
④

Q 11 昔から星々や星座は人々の生活に使われてきたが、次のうち、使われ方で適切でないものはどれか。

① 季節をはかる目安
② 時刻をはかる目安
③ 方向をはかる目安
④ 雨量をはかる目安

Q 12 4000 年前の古代エジプトでは、ナイル川の洪水が起こる季節が来たことを、ある星が地平線から現れる様子で予想していた。その星は何か。

① 北極星
② シリウス
③ ベガ
④ 南十字星

② しし座

季節の星座は大まかにいって、その季節の午後8時前後に南中するものを指す。誕生星座は、誕生日のときに太陽が位置する星座として決められた。そのため、誕生日には見られず、およそ1つ前の季節の星座として見ることができるので、②は春の星座である。なお、②以外は夏の大三角を形づくる星がそれぞれ位置している星座である。

第 9 回正答率 89.5%

② おとめ座

季節の星座は大まかにいって、その季節の午後8時前後に南中するものを指す。②や④のような誕生星座は、生まれたときに太陽が位置する星座として決められているため、誕生日には見ることができず、およそ生まれた季節の1つ前の季節の星座として見ることができる。

第 8 回正答率 60.8%

④ みなみのへび座

「みなみ」がつく星座には、「みなみじゅうじ座」もある。「へび」がつく星座は、「へび座」、「へびつかい座」、「うみへび座」、「みずへび座」だけである。

第 8 回正答率 56.7%

A 10 ②

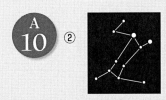

おおいぬ座（Canis Major）には夜空で最も明るい恒星であるシリウスが位置している。シリウスは冬の星空の目印である「冬の大三角」を形づくる星の1つで、日本では冬の夜9時頃、およそ南の空に見える。なお、①はこと座、③ははくちょう座、④はオリオン座である。

第9回正答率30.7%

A 11 ④ 雨量をはかる目安

星が昇る時期で季節をはかり、種まきの時期をみたり、星座の動きで時間の経過や方角を確認したりと星々は古代より人々の暮らしで重要な目安のひとつとなっていた。

第4回正答率89.4%

A 12 ② シリウス

日の出直前の東の空にシリウスが現れる時期になると、ナイル川が氾濫し肥沃な泥土を運び込んでくるため農耕の時期を定めるのに重要な星となっていた。このナイルの恵みによりエジプトではパンやビールがつくられていた。シリウスには「焼き焦がすもの」という意味があり、夏に暑さがやってくる頃シリウスが太陽に先駆けてあがってくるため、シリウスの明るさが太陽と一緒になって夏の暑さをもたらすと考えていた。シリウスは「ソチス」と呼ばれ、ソチスが東の空にあがる夏至の頃を古代エジプトでは年の初めとしていた。現在では歳差などによりシリウスの出現する時期が古代とは違っており洪水予測には使えなくなっている。

Q13 次の写真は夏の大三角の写真である。七夕物語に登場する織り姫星、彦星について正しい組み合わせはどれか。

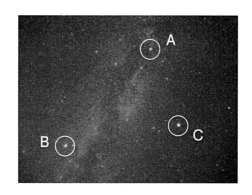

① 織り姫星：A　彦星：B　　② 織り姫星：A　彦星：C

③ 織り姫星：B　彦星：C　　④ 織り姫星：C　彦星：B

Q14 同じ時刻でも、季節によって見える星座が異なるのはなぜか。

① 地球が自転しているから　　② 地球が公転しているから
③ 地球が歳差運動をしているから　　④ 地球の地軸が傾いているから

Q15 ベテルギウスを示しているのはどれか。

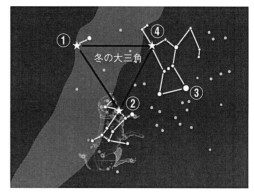

Q 16　黄道十二宮の考えを用いた現在の星占い（占星術）が、体系化されたのはいつ頃のどの地域でのことか。

① 紀元前600年頃のバビロニア

② 紀元前3000年頃のエジプト

③ 紀元前600年頃のローマ

④ 紀元前3000年頃のメソポタミア

Q 17　次の図で、黄道十二星座の星座名と星座記号が正しい組み合わせのものはどれか。

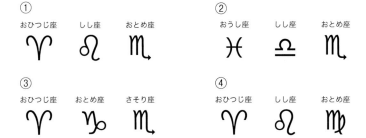

Q 18　次のうち、黄道と天の赤道の両方にあるものはどれか。

① 春分点

② 夏至点

③ 冬至点

④ 天の北極

2章　星座は誰が決めたのか

④ 織り姫星：C　　彦星：B

夏の大三角をつくる星で一番明るいのが織り姫星（こと座のベガ）であり、天の川から最も離れた位置に見える。二番目に明るく、織り姫星から見て天の川の対岸に見られるのが彦星（わし座のアルタイル）である。なお、西の空に夏の大三角が見えるときは、はくちょう座のデネブが一番空高い位置に見える。　　　　　第 8 回正答率 58.7%

 ② 地球が公転しているから

地球は1年間で太陽のまわりを公転している。星座と太陽の位置関係は変わらないが、地球が移動することで星座が見える位置が変化していく。そのため同じ時刻に夜空を見上げても季節が違うと見える星座も異なるのだ。365日（1年）で1周（360°）ということは1日に約1°ずつ、星座が見える位置が変わっていくということである。

第 1 回正答率 77.8%

 ④

ベテルギウスはオリオン座の1等星で、赤く輝く。地球からは約500光年の距離にある。超新星爆発をいつ起こしても不思議ではない老いた星だ。2019年秋から2020年春先にかけて減光し、その前兆ではないかと騒がれたが、2020年春から、再び増光しだした。ベテルギウスはもともと明るさが変わる星（変光星）として知られており、今回はその変化が最も大きな時期だったのではないかと考えられている。どうやらすぐに超新星爆発が起こるというわけではなさそうだ（数値は2020年版『理科年表』による）。

① 紀元前600年頃のバビロニア

メソポタミアの粘土板の記録から、紀元前2000年頃には黄道十二星座の考えがあり、占星術は、そのはるか後の紀元前600年頃のバビロニアで体系化されたと考えられている。

第4回正答率29.8%

 ④

おひつじ座の星座記号はYの字に似た形で、羊の2本の角を表し、春分点を表す記号としていまも使われている。おとめ座はmの字に似た形をしているが、耕作された土地を表すとも、乙女の髪を表すともいわれている。さそり座と似ているが、さそり座のほうはmに毒針の尾がついている。しし座の星座記号はライオンのしっぽを表すといわれている。

おひつじ座	しし座	おとめ座
♈	♌	♍

 ① 春分点

黄道は天球上の太陽の通り道であり、地球の赤道を天球に映したものが天の赤道である。黄道は天の赤道に対して23.4°傾いており、両者は天球上の2カ所で交わる。1つは太陽が赤道を南から北に横切る春分点、もう1つは北から南に横切る秋分点である。つまり春分点と秋分点は黄道と赤道の両方にあるのだ。

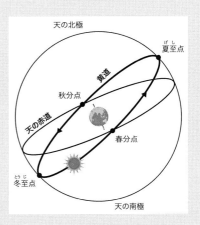

Q 19

次の図の中の矢印で示した太い曲線を何と呼ぶか。

① 白道（はくどう）
② 赤道（せきどう）
③ 黄道（こうどう）
④ 青道（あおみち）

Q 20

日本で天体を観測する際に、日周運動（にっしゅううんどう）の軸（じく）を延長（えんちょう）した方向を天球（てんきゅう）では何というか。

① 天の北極
② 天頂（てんちょう）
③ 北点
④ 春分点（しゅんぶんてん）

Q 21

春分点（しゅんぶんてん）の記号はどれか。

① 　　② 　　③ 　　④

Q 22

現在の秋分点がある星座はどれか。

① カシオペヤ座

② てんびん座

③ ペガスス座

④ おとめ座

Q 23

次の星座のうち、現在定められている星座にはないものはどれか。

① じょうぎ座

② しぶんぎ座

③ コンパス座

④ はちぶんぎ座

Q 24

アルゴ座の一部ではない星座はどれか。

① ほ座

② とも座

③ りゅうこつ座

④ コンパス座

 ③ 黄道

黄道は天球上の太陽の通り道のこと。私たちから見ると、太陽は天球上に固定されたおひつじ座などの12の星座の上を1年かけて移動していくように見える（厳密にいえば、12星座＋1星座（へびつかい座）を通る）。白道は月の通り道。赤道は「天の赤道」と呼び、地球の赤道面を天球までのばしたもの。青道は不動産用語。

 ① 天の北極

北半球に位置する日本では、日周運動の軸方向が天の北極である。天頂は天球上の垂直方向を示す。天球上で黄道と天の赤道が交わる点のうち、太陽が南から北へ横切る点を春分点という。　　　　　　　　　　第9回正答率 57.8%

 ①

春分点とは、黄道と天の赤道が交わる2つの点のうち、太陽が天の赤道の南から北へ横切る点である。太陽が春分点を通過する瞬間が春分である。春分点は、黄道座標や赤道座標の原点であるが、地球の歳差が原因で黄道上を約2万6000年周期で西向きに移動している。黄道十二宮ができた当時は、春分点がおひつじ座にあったので、春分点の記号として今でもおひつじ座の記号が用いられているが、現在の春分点はうお座にある。②はおうし座、③はふたご座、④はうお座の記号である。

第9回正答率 83.0%

 **④ おとめ座**

地球の自転軸の方向は約2万6000年の周期で少しずつ変化する。これは、地球の自転軸がコマのように歳差運動しているために起こるもの。そのため天の赤道も動き、天の赤道と黄道の交点である現在の秋分点は、黄道十二星座ができた時代の位置てんびん座から星座1つ分ほど移動している。春分点はおひつじ座にあったが、現在はうお座にある。

 ② しぶんぎ座

しぶんぎ座の「しぶんぎ」とは天体観測に用いた四分儀に由来する。18世紀につくられた星座だが、現在の全天88星座にはない。しぶんぎ座の一部はりゅう座の領域になっている。毎年1月初旬に見られる「しぶんぎ座流星群」は、放射点がかつてのしぶんぎ座にあることから、いまもその名で呼ばれている。

 ④ コンパス座

アルゴとはギリシャ神話の金羊伝説に登場する船の名前。あまりにも大きかったため、18世紀に、ほ・とも・りゅうこつ・らしんばんの4つに分割された。この4つの星座を合わせると、現在使われている星座で一番大きなうみへび座の約1.5倍もの大きさになる。ちなみに、コンパス座はさそり座のさらに南側にある星座で、主に南半球から見られる。またコンパス座のモチーフは、円を描くコンパスで方位磁針ではない。

第1回正答率 64.2%

Q 25 88星座のうち、最も大きな星座は次のうちどれか。

① くじら座

② おとめ座

③ おおぐま座

④ うみへび座

Q 26 地球の自転軸（地軸）の方向は、ある一定の周期で変化している。その周期の長さはどれくらいか。

① 約2000年

② 約1万2000年

③ 約2万6000年

④ 約4万8000年

Q 27 天球座標にはいろいろ種類がある。次のうち天文学で使われない座標はどれか。

① 星座座標

② 赤道座標

③ 銀河座標

④ 黄道座標

Q28

大昔に生まれた占星術と天文学は、時代とともに結びつきを弱め、天文学は科学として発展してきた。では、どのような科学として発展してきたか。

① 客観的で観念的な科学
② 客観的で実証的な科学
③ 主観的で観念的な科学
④ 主観的で実証的な科学

Q29

赤経、赤緯の値が両方ともゼロになるのはどこか。

① 春分点
② 夏至点
③ 秋分点
④ 冬至点

Q30

はくちょう座 X-1の「X」は何のことか。

① ブラックホールをもつということ
② 今は消滅したが、かつてそこに天体が存在していたということ
③ X線で観測されるということ
④ 宇宙の中心の候補であるということ

④ うみへび座

1928年に星座の境界線が定められたことで、空の領域は必ずどれかの星座に属するようになっている。星座の大きさはその領域の面積（平方度）で定義され、うみへび座が最も大きい星座となる。おとめ座は2番目、おおぐま座は3番目、くじら座は4番目に大きな星座である。ちなみに、うみへび座は長い星座でもあり、その長さはなんと空の4分の1にもわたる。最も小さな星座はみなみじゅうじ座で、こうま座は2番目、や座は3番目に小さい星座である。

	大きい星座	広さ	小さい星座	広さ
1位	うみへび座	1303平方度	みなみじゅうじ座	68平方度
2位	おとめ座	1294平方度	こうま座	72平方度
3位	おおぐま座	1280平方度	や座	80平方度
4位	くじら座	1231平方度	コンパス座	93平方度
5位	ヘルクレス座	1225平方度	たて座	109平方度

 ③ 約2万6000年

自転軸の方向は、コマの首振り運動のように、約2万6000年の周期で少しずつ変化し、歳差運動と呼ばれる。そのため、黄道十二星座が生まれた頃におひつじ座にあった春分点も、現在までの間に星座1つ分ほど移動し、うお座にある。 第4回正答率43.1%

A 27 ① 星座座標

天球座標は天体が投影される仮想的球面上に設定した座標のことである。赤道座標、黄道座標、銀河座標はあるが、星座に準拠した星座座標というものは使われない。

第9回正答率21.6%

A28 ② 客観的で実証的な科学

占星術と天文学が結びついていた時代には、その現象が説明できないことは神や霊魂などによって定められたと、感覚や思いつきから述べていた。しかし、科学の発展において誰もが観察、実験を行っても同じ結果が得られるよう客観的に実証したもののみが科学として発展した。その先駆者が科学の父といわれるガリレオ・ガリレイである。

第 9 回正答率 67.0%

A29 ① 春分点

赤道座標では赤経 α は春分点を基準として東回りに測り、赤緯 δ は天の赤道を基準として南北（北側が＋、南側が－）に測るので、春分点の位置はα：0h、δ：0° と表される。

第 9 回正答率 60.2%

A30 ③ X 線で観測されるということ

はくちょう座 X–1（Cyg X–1）は、はくちょう座の首のあたりにあり、X線を出す天体として発見された。その後の観測で青色巨星とブラックホールとの連星系であることが知られている。史上初めてのブラックホール候補天体でもある。発見されているブラックホール候補の中では比較的地球に近く、約6000光年の距離にある。

第 3 回正答率 63.0%

2 章 星座は誰が決めたのか

3 章

EXERCISE BOOK FOR ASTRONOMY·SPACE TEST

空を廻る太陽や星々

Q1 地球の自転の向きとして正しいのはどれか。

① 西から東

② 東から西

③ 南から北

④ 北から南

Q2 南半球では夜空の星々は時間が経つにつれ、どちらの方角へと動いていくか（周極星は考えないものとする）。

① 東から西

② 西から東

③ 北から南

④ 南から北

Q3 南緯 35°付近にあるニュージーランドの都市オークランドでの春分の日の太陽の動きとして正しいのはどれか。

① 東から昇り、南の空で高くなり西に沈む

② 西から昇り、南の空で高くなり東に沈む

③ 東から昇り、北の空で高くなり西に沈む

④ 西から昇り、北の空で高くなり東に沈む

Q4 北極や南極の周辺では、太陽がほとんど沈まず夜暗くならない現象が起こる地域がある。この理由として正しいのはどれか。

① 地球の自転軸の 傾 き（傾斜角の大きさ）が季節により変化するため

② 地球が自転軸を一定の角度で傾けたまま公転しているため

③ 地球の自転周期が季節により変化するため

④ 地球の形が正確には球ではないため

Q5 日本付近での 秋 分の日の日没の様子（太陽の動き）として、正しいものは次のうちどれか。

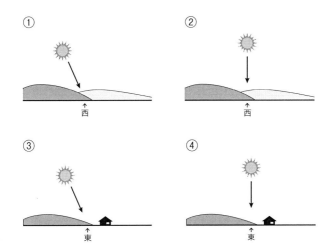

Q6 夜空に見える星々は、一晩のうちに少しずつ位置を変え、次の日の同時刻にはほぼ同じ場所に見える。これは何が原因か。

① 地軸の歳差運動

② 地軸の 傾 き

③ 地球の自転

④ 月の公転

① 西から東

地上から見ていると太陽は東から西へと向かって見えるが、これは地球自体が西から東と動いているため。地球は宇宙空間の中で北極の方向を見下ろすと反時計回りに回転している。地球の自転によって太陽や月、星が東から西へと動いているように見える運動を日周運動という。

第1回正答率 75.3%

 ① 東から西

太陽も月も星も東から昇り西へと沈んでいく。これは地球が自転しているために起きる見かけの動きで、日周運動という。地球上ではどこでも自転の向きは一緒なので、場所によって星の動いていく方角に違いはない。

第9回正答率 74.2%

 ③ 東から昇り、北の空で高くなり西に沈む

太陽の日周運動は、地球の自転によって起こるため、昇る方位・沈む方位は北半球、南半球で変化しない。しかし、春分・秋分の日に太陽が位置する天の赤道(地球の赤道面と天球の交わる線)は北半球から見て南側、南半球から見て北側に変わるため、天球上での太陽の経路の南北は逆転する。

② 地球が自転軸を一定の角度で傾けたまま公転しているため

地球の自転軸は公転面に垂直な方向から23.4°の傾きを保ったまま、また宇宙空間に対して自転軸が向いている方向も一定のまま太陽のまわりを公転している。このため、1年の間で北極周辺が太陽の方に向かう時期（夏至の頃）と南極周辺が太陽の方に向かう時期（冬至の頃）があり、その時期に太陽が地平面下に沈む時間が短くなり、地域によって白夜が起こる。

①

太陽は地球の自転により、毎日、東から昇って西に沈み、特に秋分の日にはほぼ真西に沈む。また、日本付近では、1年を通じて太陽は天頂より南寄りの道筋を通り、地平線に対して斜めに沈んでいく。

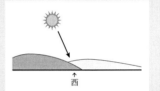

第 4 回正答率 82.9%

③ 地球の自転

地球が1日に1回転、西から東の向きに自転しているために、夜空の星々は東から西へ（北の空では、北極星を中心に反時計回りに）動いて見える。1日たって星々がほぼ同じに並ぶのは地球の自転のためだ。

Q7 太陽の見かけの大きさは約 0.5°である。空の中で太陽が太陽1個分移動するのにかかる時間はどれくらいか。太陽は約 24 時間で空を 1 周してもとの場所に戻ってくる。

① 30秒   ② 2分
③ 10分   ④ 30分

Q8 地球は、北極の方向から見ると反時計回りに回転している。この回転運動と無関係な現象は、次のうちどれか。

① 太陽が東から昇って、西に沈むこと
② 月が東から昇って、西に沈むこと
③ 月の見かけの形が毎日変化すること
④ 北の空の星が北極星を中心に反時計回りに動くこと

Q9 日本国内で 10 月 15 日午前 0 時に北の空を見ると、カシオペヤ座が図のアの位置に、アルファベットの M（エム）のような形に見えていた。同時期にカシオペヤ座がイの位置で、数字の 3 のような形になるのは、次のうち何時頃か。

① 午後7時頃
② 午後10時頃
③ 午前3時頃
④ 午前5時頃

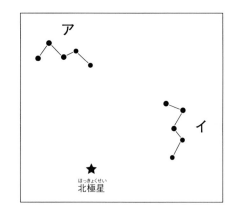

Q 10
ある地点において、1年の間に変化する現象のうち、地球の自転軸が傾いていることと関係がないものはどれか。

① 日の出と日の入りの方位の変化
② 昼と夜の長さの違い
③ 夜空に見える星座の季節による違い
④ 中緯度での気温の季節変化

Q 11
北極星が地平線から高度35°で輝いている。今いる緯度は何度か。

① 北緯35°
② 北緯45°
③ 北緯55°
④ 北緯65°

Q 12
北極星の方角から太陽系を見下ろしたとき、地球の正しい運動はどれか。

①

②

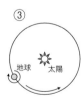
③

④

 ② 2分

24時間（1440分）で1周（360°）するので、1°あたりで考えると、

    1440 [分] ÷ 360 [°] ＝ 4 [分／°]

となる。

太陽の見かけの大きさは1°の半分なので、答えは2分。　　　第9回正答率65.5%

 ③ 月の見かけの形が毎日変化すること

太陽や月が毎日、東から昇って西に沈むのは、地球の自転による。また、見かけの動き
は方角によって異なって見えるが、星の日周運動の原因も地球の自転である。しかし、
月の満ち欠けは太陽と地球と月の位置関係により起こる現象で自転とは無関係である。

 ① 午後7時頃

カシオペヤ座のそれぞれの星は北極星を中心にして、反時計回りに1時間に15°の角度
で円を描くように日周運動する。M（エム）の形のカシオペヤ座を3の形に見るために
は約90°時計回りに回転させることになり、時刻を6時間戻すことに相当する。午前0
時から6時間戻すと午後6時となり、選択肢で一番近いのは①の午後7時である。

第8回正答率40.2%

③ 夜空に見える星座の季節による違い

夜空に見える星座の季節変化は、地球が太陽のまわりを回る公転運動によって起こる現象であり、自転軸の傾きとは関係がない。他は、自転軸が傾いていることと関連する現象である。　第8回正答率66.8%

① 北緯35°

図を書いて考えてみよう。もし北極点に立っていたら北極星は頭の真上、つまり地平線から90°の高度に見えるはずだ。北極点からどんどん緯度が低くなるにしたがって北極星の高度も低くなっていき、赤道上では地平線ぎりぎりのところ（ほぼ高度0°）にある。実は、北極星が見える高度とその場所の緯度は同じで、北緯35°の場所からは北極星は35°の高度に見えるのだ。

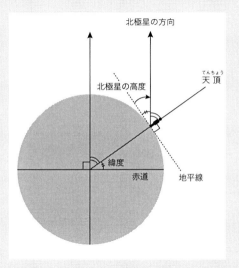

①

北極星の方角から太陽系を見ると、地球の動きは、自転も公転も反時計回りになる。

第2回正答率58.3%

Q13 太陽を出発した光が地球に届くまでは8分20秒かかる。光の速さを秒速30万kmとすると、地球と太陽の距離はいくらか。

① 約2400万km

② 約1億5000万km

③ 約8億km

④ 約30億km

Q14 およそ8200年後に北極星となる星はどれか。

① ベガ

② ポラリス

③ デネブ

④ アークトゥルス

Q15 日本付近で、一晩中見えている星座はどれか。

① こいぬ座

② こうま座

③ こぎつね座

④ こぐま座

日本での夏至の日について、正しく述べられているのは次のうちどれか。

① 1年の平均最高気温が最も高くなる日である
② 太陽が1年で最も北寄りの位置から昇って、北寄りの位置に沈む日である
③ 二十四節気のひとつで、一般的に暦の上での夏の始まりを表す日である
④ 太陽が南中したときの影の長さが1年で最も長くなる日である

日本が夏至の日に、南緯35°付近にあるニュージーランドの都市オークランドで正午に見られる太陽について正しいのはどれか（地球の公転面に垂直な向きからの自転軸の傾きは23.4°とする）。

① 南の空、高度約78°
② 南の空、高度約32°
③ 北の空、高度約78°
④ 北の空、高度約32°

夏至の頃、日本付近における日の出の位置と太陽が動く向きとして正しいものはどれか。

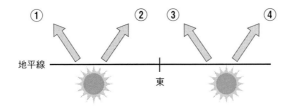

② 約1億5000万km

8分20秒を秒で表すと8×60＋20＝500秒である。光は1秒で30万km進むのだから、
　500 [s]×30万 [km／s]＝1億5000万 [km] となる。
③はおよそ太陽から木星までの距離、④はおよそ太陽から天王星までの距離である。

 ③ デネブ

地球は長い年月をかけて地軸の向きを変える歳差運動をして
いる。その周期はおよそ2万6000年。現在の地軸は北極
星であるポラリスの方向を向いているが、その周期のほぼ半
分にあたる約1万3500年前は、ポラリスから最も遠い場所
を向いており、ベガが北極星だった。およそ8200年後には
デネブが北極星になる。

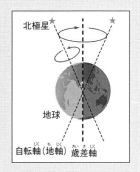

 ④ こぐま座

北の空では星々が円軌道を描くようにして動いて見え、夜の間ずっと見えているものも
ある。その円軌道の中心付近に、こぐま座の北極星がある。こうま座はみなみじゅう
じ座に次いで2番目に小さい星座で、こいぬ座は18番目、こぐま座は33番目、こぎ
つね座は34番目に小さい。ちなみに、こぐま座・こいぬ座に対して、おおぐま座・お
おいぬ座はあるが、おおうま座・おおぎつね座はない。ただし、日本ではこぎつね座
をきつね座、こうま座をこま（駒）座と呼んでいた時代がある。

② 太陽が1年で最も北寄りの位置から昇って、北寄りの位置に沈む日である

夏至の日の太陽の動きは最も北寄りから昇り、南中高度が最も高く、最も北寄りに沈む。この結果、1年で最も昼間の時間が長くなる。①はおよそ8月頃。③は立夏。④は冬至の日の記述である。

④ 北の空、高度約32°

南半球では、自転軸の延長上にある「天の南極」の高度が緯度に等しくなる。正午頃の太陽高度は、天の南極から天頂をとおって90°離れた場所を中心に、公転運動にあわせて自転軸の傾き分、上下に変化する。これから求める太陽高度は、(180°−35°−90°−23.4°=31.6°なので、約32°)となる(図参照)。　第2回正答率 32.3%

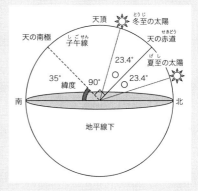

②

太陽はおおむね東から昇り、南を通って西に沈むのは年中同じであるが、細かい場所や時刻は季節によって変化する。例えば、夏至の頃であれば日の出・日の入りの位置は、真東・真西よりも北にずれて、太陽は南の空高くを通るようになる。そのため、太陽が出ている時間も長くなる。これは、夏の場合、地球が地軸の北側を太陽の方向に向けているからである。ちなみに、夏至はたしかに1年中で昼の長さが一番長い日であるが、日の出が最も早い日は夏至の1週間前頃で、日の入りが最も遅い日は夏至の1週間後頃となる。　第9回正答率 66.4%

Q 19　図の A、B、C、D は、夏至、冬至、春分、秋分の日の地球と太陽の位置関係を表している。正しい組み合わせは、次のうちどれか。

① A：春分　　B：冬至
　　C：秋分　　D：夏至
② A：春分　　B：夏至
　　C：秋分　　D：冬至
③ A：秋分　　B：夏至
　　C：春分　　D：冬至
④ A：秋分　　B：冬至
　　C：春分　　D：夏至

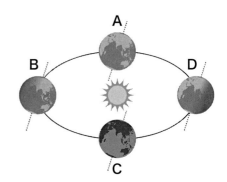

Q 20　夏は暑く、冬は寒い理由として関係のないものを選べ。

① 太陽光の入射角　　② 太陽の活動
③ 地球の公転　　　　④ 地球の自転軸の傾き

Q 21　北半球にある日本と、南半球にあるオーストラリアとは季節が逆転している。この理由として、正しくないものは、次のうちどれか。

① 地球が公転する間に、太陽に最も近づく日が、北半球と南半球で半年ずれているため
② 地球が公転する間に、太陽の南中高度が最も高くなる日が、北半球と南半球で半年ずれているため
③ 地球が公転する間に、昼間が最も長くなる日が、北半球と南半球で半年ずれているため
④ 地球が公転する間に、地軸の北極側が太陽に向く時期と、南極側が太陽に向く時期が半年ずれているため

Q 22

季節によって、太陽の南中高度が変わる原因として関係するものは
どれか。

① 地球の地軸の傾き
② 太陽と地球の距離
③ 地球の自転
④ 太陽の自転

Q 23

南半球のオーストラリアで、冬至の日に太陽と重なっている星座はど
れか。

① いて座
② おとめ座
③ ふたご座
④ うお座

A 19 ② A: 春分 B: 夏至 C: 秋分 D: 冬至

地球は、北極星の方から見下ろすと、反時計回りに公転している。また、地軸の北極側が太陽に傾いているのが夏至である。以上からBが夏至の地球の位置となり、以下C、D、Aの順に季節がめぐり、秋分、冬至、春分となる。 第4回正答率 73.6%

 A 20 ② 太陽の活動

季節の変化は、地球が公転し、その公転面に対して地球の自転軸（地軸）が傾いているおかげで、太陽光の入射角が変わるために起こる。たとえば懐中電灯で地面を照らす場合、地面に垂直な方向（真上）から照らすと最も明るくなる。しかし斜めに傾けると照らされる面積は広がるが、明るさは減ってしまう。太陽光の場合も、夏の時期のより高い角度から受ける方が密度の高いエネルギーを受けるため暑くなる。

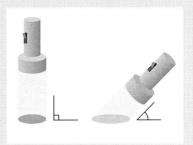

第1回正答率 72.6%

 A 21 ① 地球が公転する間に、太陽に最も近づく日が、北半球と南半球で半年ずれているため

地球が太陽に最も近づく日は、地球上どこでも同じである。その他の理由は、いずれも北半球と南半球で太陽のエネルギーを効果的に受ける時期が半年ずれていることの原因である。 第4回正答率 40.5%

① 地球の地軸の傾き

地球の地軸は地球の公転面に対して
23.4°傾いており、同じ方向に傾いた
まま太陽のまわりを公転する。北半
球では、夏至の頃には地軸の北側
(北極星を指す方向) が太陽の方を
向いていて太陽の光が高いところから
当たる。逆に冬至の頃には、地軸の
南側が太陽の方を向くので太陽の光
が低いところから当たることになる。

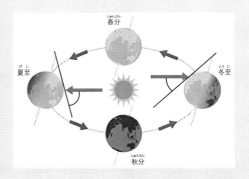

第 1 回正答率 91.6%

① いて座

南半球と北半球では季節は逆になるが、冬至の日は変わらない。天文学では、北半球
における季節の名称を統一して用いているので、図の通り、いて座となる。

第 8 回正答率 41.7%

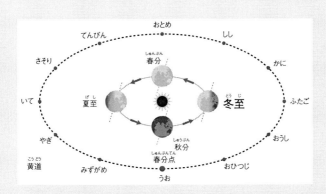

3 章

空を廻る太陽や星々

67

次のうち、南半球のシドニーで最も寒いのはいつか。

① 冬至
② 春分
③ 夏至
④ 秋分

星占い(星座占い)で使われる黄道十二星座と、○○座生まれといわれる人の誕生日について、正しく述べられているのは、次のうちどれか。

① ○○座生まれとは、その人の誕生日の午前0時(真夜中)にほぼ頭上に見られる星座を基準に言う
② ○○座生まれとは、その人の誕生日の日の出前に見られる星座を基準に言う
③ ○○座生まれの星座は、その人の誕生日の夜には、ほぼ見ることができない
④ 実際の空での黄道十二星座の見え方と、誕生日とは全く無関係である

東京付近では、みなみじゅうじ座など全体のすがたを夜空に見ることのできない星座があるが、この理由として正しいのはどれか。

① 地球が太陽のまわりを公転するため
② 地球の自転軸が公転面に対して23.4°傾いているため
③ 地球の北半球にある東京では、南半球で見られる星座はどれも見られないため
④ 東京が北半球の中緯度にあるため

Q 27

北緯 35° の地点において、夏至の日と冬至の日の太陽の南中高度の差は何度になるか。地軸の傾きは 23.4° とする。

① 55°

② 23.4°

③ 46.8°

④ 31.6°

Q 28

次の二十四節気の呼び名のうち、春分と夏至の間にないものはどれか。

① 立春

② 穀雨

③ 立夏

④ 芒種

Q 29

『宇宙のあいさつ』の著者は誰か。

① 星一徹

② 星新一

③ 星孝典

④ 星秀和

③ 夏至
げ し

南半球と北半球では季節は逆になるが、春分、秋分、夏至、冬至は北半球側の季
しゅんぶん　しゅうぶん　げ し　とう じ
節で名前がつけられている。つまり、北半球中緯度と南半球中緯度では季節は逆に
ちゅう い ど
なるので夏至となる。　　　　　　　　　　　　　　　　　　　第 9 回正答率 87.6%

 ③ ○○座生まれの星座は、その人の誕生日の夜には、ほぼ見るこ
ざ せい ざ　　　　　　　　たんじょう び
とができない

○○座生まれといわれる星座は、その人の誕生日に太陽がどの星座のあたりにあった
かを基準に決められており、基本的に誕生日の夜に見ることはできない。
※厳密には星占いでいう星座の境界は現在の黄道十二星座の境界とは異なる。
げんみつ　　　うらな　　　　　　　　　　　　こうどうじゅう に せい ざ　　　　　こと

 ④ 東京が北半球の中緯度にあるため
ちゅう い ど

東京は北緯35°と中緯度にあるので、
ほく い
北極星から角度で約35°以内の星が
ほっきょくせい
周極星となる。一方、地軸を南に延
しゅうきょくせい　　　　　　 ち じく　　　えん
長した天球上の点から約35°以内の
ちょう　てんきゅう
星は地平線から昇ってこないこととな
のぼ
り、1年を通じて見えない星がある。
　　　　　　第 3 回正答率 39.8%

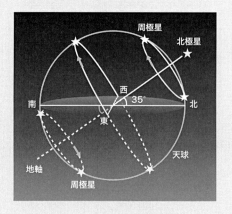

 ③ 46.8°

北緯35°の地点において、

夏至の日の太陽の南中高度は90－35＋23.4、

冬至の日の太陽の南中高度は90－35－23.4、

とそれぞれ求められる。よって両者の差は

（90－35＋23.4）－（90－35－23.4）となり、46.8°となる。

第9回正答率47.5%

 ① 立春

二十四節気は、1年間の太陽の黄道上の動きをもとにして決められている。これは季節の目安であり、江戸時代の暦では、その時が何月かを決めるためにも使われていた。立春は冬至と春分の中間で太陽が黄経315°を通過する日であり、旧暦の正月に含まれる。

第8回正答率59.2%

 ② 星新一

星新一は、ショートショートの神様と呼ばれる昭和から平成の小説家・SF作家である。『宇宙のあいさつ』は、植民地獲得のために地球から派遣されてきた宇宙船がすてきな惑星を占領したが、喜びもつかの間、おそるべき事実が待ち受けている話である。他にも『地球から来た男』『宇宙の声』など、宇宙に関する作品も多数ある。ちなみに、星一徹はアニメ『巨人の星』の主人公の父で、ちゃぶ台返しのシーンが印象的。星孝典・星秀和は、埼玉西武ライオンズに同時期に在籍したプロ野球選手である。

第9回正答率57.8%

4章

太陽と月、仲良くして

Q1 月は約46億年前にできたといわれているが、どのようにしてできたのか。現在、一番有力とされている説はどれか。

① 地球の一部が分裂してできた
② 別のところでできた月が、宇宙をただよっているうちに地球に捕まえられた
③ ガスや塵が集まって、地球と同時にできた
④ 地球に火星ぐらいの大きさの天体がぶつかり、そのかけらが集まってできた

Q2 今から46億年前、原始地球に火星ほどの原始惑星が衝突して月がつくられた。衝突によって地球を取り巻いた岩石質の粒が成長して、月がほぼ現在と同じ大きさになるまで、どのくらいの期間を要したと考えられているか。

① 1カ月
② 1年
③ 100万年
④ 1億年

Q3 2020年現在までに月に降り立ったことのある人間は何人か。

① 2人
② 8人
③ 12人
④ 21人

地球の大きさを初めて科学的な方法で測った古代ギリシャの科学者は誰か。

① アナクシマンドロス

② アリストテレス

③ エラトステネス

④ プトレマイオス

太陽の自転周期について正しいものを選べ。

① ほぼ一定で約25日

② ほぼ一定で約30日

③ 赤道では約30日、高緯度で約25日

④ 赤道では約25日、高緯度で約30日

月と太陽は、ほぼ同じ大きさに見える。地球からの距離の比は、月：太陽≒1：400である。それでは月と太陽の実際の大きさの比はおよそいくらか。

① 1：20

② 1：100

③ 1：400

④ 1：800

④ 地球に火星ぐらいの大きさの天体がぶつかり、そのかけらが集
まってできた

①は親子（分裂）説、②は捕獲説、③は双子説、④は巨大衝突（ジャイアント・イ
ンパクト）説と呼ばれている。「月は、かつてドロドロに溶けている時代があった」「地
球と月の化学組成が大きく違う」といわれていることから、④ の巨大衝突説は、最も
有力とされている。

 ① 1カ月

地球を取り巻いた粒は、地球のまわりを回転しながら、互いに衝突を繰り返し、たっ
た1カ月ほどで現在の大きさまで成長したと考えられている。　第4回正答率 25.1%

 ③ 12人

現在まで月面に人を送り込んだのはアメリカだけで、旧ソ連（ロシア）は有人着陸を行っ
ていない。1969年7月20日、アポロ11号に乗った2人の宇宙飛行士が初めて月に
降り立って以降、1972年12月までの約3年間に、アポロ12号、14号～17号が月
面着陸に成功している。2020年現在までに、計12人の人間が月面を歩いている。

③ エラトステネス

アレクサンドリアで図書館館長をしていたエラトステネスは、真南にあるシエネという町で夏至の正午に井戸の底に陽が差すことを知っていた。同じ時にアレクサンドリアで垂直に立てた棒がつくる影の角度を測れば、これが地球の中心から見たアレクサンドリアとシエネのなす角であることに気づき、両都市の距離が約900 kmであることから地球の円周を約4万数千 kmと見積もった。

 ④ 赤道では約25日、高緯度で約30日

地球は厚く硬い岩石に覆われているためどこでも自転周期は同じだが、太陽は巨大なガス体であるため緯度によって自転周期が異なる。赤道の方が短く約25日、高緯度では約30日である。場所によって回転速度が違うために強い磁場が引きちぎられたり、再結合をしたりしてさまざまな現象を生んでいる。

 ③ 1：400

ものの見かけの大きさは、同じものでも遠ざかるほど小さく見え、距離に反比例する。地球から見た月は、400倍も離れた太陽と同じ大きさに見えるということは、太陽は月の400倍も大きいことがわかる。 第4回正答率 74.0%

地球がバスケットボール（直径約 24 cm）の大きさだとすると、月はどのくらいの大きさに例えられるか。

① ゴルフボール（直径約4 cm）
② テニスボール（直径約6 cm）
③ セパタクローのボール（直径約14 cm）
④ サッカーボール（直径約22 cm）

地球の直径は月の直径の約4倍である。月から見た地球の大きさ（面積）として、一番近いものはどれか。

① 地球から見た満月(まんげつ)とほぼ同じ
② 地球から見た満月の約4個(こ)分
③ 地球から見た満月の約8個分
④ 地球から見た満月の約16個分

Q9

月面から地球を見た様子について正しいものは、次のうちどれか。

① 月面から見た地球は、ほとんど動かない
② 月面から見た地球は、地球から見た月より小さい
③ 月面から見た地球は、いつも同じ面を向けている
④ 月面から見た地球は、月のような満ち欠けをしない

Q 10 太陽を背_せにして見事な虹_{にじ}（主虹_{しゅこう}）が架_かかった。次の文のうち正しいものを選べ。

① 赤い光がよく屈折_{くっせつ}するので、虹の外側が 紫_{むらさき} で内側が赤だった

② 赤い光がよく屈折するので、虹の外側が赤で内側が紫だった

③ 紫の光がよく屈折するので、虹の外側が紫で内側が赤だった

④ 紫の光がよく屈折するので、虹の外側が赤で内側が紫だった

Q 11 火星の夕焼けは通常何色に見えるか。

① 青色

② 赤色

③ 茶色

④ 緑色

Q 12 次のうち、月の満ち欠けの順を正しく表したものはどれか。

① 新月_{しんげつ}→上弦_{じょうげん}の月→下弦_{かげん}の月→満月_{まんげつ}

② 新月→満月→上弦の月→下弦の月

③ 新月→上弦の月→満月→下弦の月

④ 新月→下弦の月→上弦の月→満月

② テニスボール（直径約6 cm）

直径で比べると月（直径約3500 km）は地球（直径約1万3000 km）の4分の1ほどであるので、②が正解。ちなみに体積で比べてみると、直径の比3500／13000＝1/3.7の3乗なので、50分の1程度、質量は80分の1程度である。このことから、月の密度は地球より小さいということがわかる。その違いは地球の内部には大量の鉄があるのに対し、月はそれほどでもないことがあげられる。　　第8回正答率 81.6%

④ 地球から見た満月の約16個分

地球から見る場合も月から見る場合も距離は変わらないので、天体の大きさが見かけの大きさの違いとなる。直径が4倍違うので、面積で考えると、4×4＝16となる。もし、月から地球を見たとすると、地球から見た満月の約16個分の大きさで見えるのである。かなり大きい。　　第9回正答率 33.9%

① 月面から見た地球は、ほとんど動かない

月はいつも地球に同じ面を向けている。このことは、月面の同じ場所で地球を見たときには、地球は動かないことを意味している。しかし、実際はひょう動という月の首振り運動によって、地球の位置は、ある場所を中心として、上下左右にゆっくりと、少しだけ変化する。　　第8回正答率 76.5%

④ 紫 の光がよく屈折するので、虹の外側が赤で内側が紫だった

よく屈折する紫の方が地表からの高度は低くなり、赤の方が高度が高くなるので、虹の外側は赤、内側が紫となる。 第 4 回正答率 56.8%

 ① 青色

地球の場合は空気の分子によって青い光が多く散乱されるため、昼間の空は青く、夕焼けは赤く見える。火星の場合も大気中の塵によって太陽光が散乱されるが、粒の大きさの違いにより、地球の空気分子とは散乱のされ方が異なるため、夕焼けが青く見える。 第 8 回正答率 53.7%

 ③ 新月→上弦の月→満月→下弦の月

月が満ち欠けするのは、月が太陽に照らされている面を、月が地球のまわりを公転している間に、われわれが様々な方向から見ることになるからである。月は約29.5日をかけて、新月→半月→満月→半月→新月と見かけの形を変える。半月のうち、昔の暦で月の上旬に（新月の後に）見えるものを上弦の月、下旬に（満月の後に）見えるものを下弦の月と呼ぶ。上弦の月は、南の空に月があるとき右側が光っている。ちなみに、なぜ上弦・下弦というかは、陰暦の上旬・下旬に見られるからであるとも、西の空に沈むときに弦の部分が上・下にあるからともいわれている。 第 9 回正答率 91.1%

Q13 「下弦の月」の位置は地球に対してどこか。図の①〜④から適当なものを選べ。なお、図は地球と月を北の上空から見た模式図であり、点線で囲ったものは、地球から見たときの月の形である。

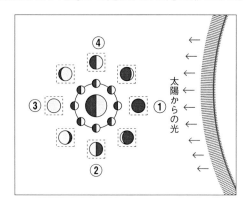

Q14 夕暮れに東の空を見ていると、月が昇ってきた。翌日の月の出の時間はどう変化するか。

① 1時間半くらい早くなる

② 50分くらい早くなる

③ 50分くらい遅くなる

④ 1時間半くらい遅くなる

Q15 上弦の月がほぼ真南に見えた。1日のうちいつ頃か。

① 日の出に近い頃

② 正午頃

③ 日没に近い頃

④ 真夜中頃

Q16 与謝蕪村が「菜の花や　月は東に　日は西に」と春の夕暮れを詠んだ ときの、月の形に一番近いのは何か。

① 三日月

② 上弦の月

③ 満月

④ 下弦の月

Q17 月の首振り運動のことを何というか。

① ひょう動

② 朔

③ 月齢

④ 月の自転

Q18 月の海と高地を形成する岩石は主に何か。

① 海：花こう岩　　　高地：斜長岩

② 海：玄武岩　　　　高地：斜長岩

③ 海：玄武岩　　　　高地：かんらん岩

④ 海：斜長岩　　　　高地：玄武岩

②

下弦は月の東側が光っている半月の状態。月は約29.5日をかけて、新月（①）から
だんだんと反時計回りに移動していく。最初の半月が上弦（④）、満月（③）になり
下弦（②）の月となる。

③ 50分くらい遅くなる

月の公転方向と地球の自転方向は同じ。地球が自転して1周すると、月も公転して昨
日の場所の先に移動するので、地球はもうちょっと自転しないと月は昨日と同じ場所に
来ない。つまり、月の出は昨日よりは遅くなる。1朔望月は約29.5日なので、1日に
変化する月の出の時間は24÷29.5＝0.81（時間）＝約50分となる。

第4回正答率60.7%

③ 日没に近い頃

上弦の月は半分が太陽に照らされているので、太陽との位置関係は90°。地球から見
て西側が照らされているので、太陽は月に対して西側にある。月は真南にあるので、
太陽はほぼ真西。つまり日没に近い頃だとわかる。

③ 満月

太陽が西に沈むときに、東から昇ってくる月は満月。太陽が西に沈む時間に三日月は西の空にあり、上弦の月は南、下弦の月はまだ昇ってこない。

① ひょう動

月は常に月の表側を地球に見せている。しかし、いつも同じわけではなく月の首振り運動によって地球から月の全体の59%は見ることができる。ひょう動には、実際に月が揺れ動いているために起こる物理ひょう動と、地球の自転などの効果で首振りをしているように見えるだけの光学的ひょう動とがある。それぞれが組み合わさり、地球からは月面の約59%を見ることができるのだ。朔は新月のことを示し、新月を基準の0とした経過日数を月齢という。　第9回正答率88.3%

② 海：玄武岩　　　高地：斜長岩

斜長岩は月ができた頃につくられた大変古い岩石で、白っぽいので光をよく反射する。玄武岩は地球でもよく見られる黒っぽい岩石。かんらん岩という地球の地下数百kmくらいまでをつくる岩石の一部が溶けて、再び固まると玄武岩になる。月の内部もかんらん岩が大量にあると考えられており、巨大隕石の衝突で広い範囲で高温になると内部のかんらん岩が溶けだして玄武岩質のマグマをつくる。このマグマはさらさらで流れやすいので斜長岩でできた凹凸を埋めてのっぺりした黒い場所、「海」をつくる。　第3回正答率69.4%

Q 19 月の裏側を最初に撮影した探査機はどれか。

① アポロ11号
② スプートニク1号
③ ルナ3号
④ ルナ2号

Q 20 2019年、世界で初めて月の裏側への探査機着陸に成功した国はどれか。

① アメリカ
② イスラエル
③ 中国
④ ロシア

Q 21 月の裏側にあるものはどれか。

① 旧ソ連の探査機が発見した標高1万m級の「ソビエト山脈」
② 日本が設置した月面天文台「ルナーA」
③ 過去に存在した知的生命体の跡「プリヴォルヴァ」
④ ルナ3号が発見した「モスクワの海」

Q22 日本で月が下図のように見えた。同じときにオーストラリアのシドニーで月はどう見えるか。なお、各図の上方向が天頂方向、下方向が地平線方向とする。

① 　② 　③ 　④

Q23 月食が毎月起こらないのはなぜか。

① 地球の自転軸が地球の軌道面に対して傾いているから

② 月の軌道面が地球の軌道面に対して傾いているから

③ 月の自転軸が月の軌道面に対して傾いているから

④ 地球の自転軸が月の軌道面に対して傾いているから

Q24 月について、次の文のうち、正しいものを選べ。

① 月の通り道である黄道は、白道に対し約5°傾いている

② 月の通り道である黄道は、白道に対し約10°傾いている

③ 月の通り道である白道は、黄道に対し約5°傾いている

④ 月の通り道である白道は、黄道に対し約10°傾いている

 ③ ルナ3号

アポロ11号で人類は初の月面着陸に成功した。スプートニク1号は世界初の人工衛星、ルナ2号は月の表面に到達した最初の無人宇宙船。1959年、ソ連（現ロシア）の無人月探査機ルナ3号は初めて月の裏側の撮影に成功した。そのため月の裏側にはモスクワの海などロシアに関連した名が多くつけられた。

 ③ 中国

2019年1月、中国の月面探査機「嫦娥4号」は月の南極にあるエイトケン盆地のフォン・カルマン・クレーターへの着陸に成功した。ちなみに、嫦娥とは月に住むといわれる仙女の名前である。　第9回正答率 48.5%

 ④ ルナ3号が発見した「モスクワの海」

「モスクワの海」は、1959年にルナ3号が世界で初めて月の裏側を撮影した際に発見された。「ソビエト山脈」は、ルナ3号の観測でソ連が月の裏側で発見したとされるが、後に撮影された鮮明な写真から実在しないことがわかった。「ルナーA」は、開発の大幅な遅延により計画が中止された日本による月探査機である。「プリヴォルヴァ」は、ヨハネス・ケプラーの小説『夢』に登場する月の裏側の世界である。

第9回正答率 89.1%

③

北半球では月は南の空に見えることが多いが、南半球ではその逆で北の空で見えることが多い。北半球で見るときに比べて影の部分を含め、月全体が上下左右反対になる。地球からは月の裏側は見ることができない。 第8回正答率91.0%

 ② 月の軌道面が地球の軌道面に対して傾いているから

月の公転軌道面は地球の公転軌道面に対して5°傾いている。月食は必ず満月のときに起きるが、通常満月はその範囲内で地球の影から上下にずれているため、月食とはならない。月の軌道と地球の軌道が交差した点付近で満月となった場合のみ月食が起こる。

 ③ 月の通り道である白道は、黄道に対し約5°傾いている

天球上の月の通り道は白道。白道は黄道に対し約5°傾いている。これは地球の公転面と月の公転面が約5°の角度で交わっていることを示す。2つの面が交差するところで満月になれば月食、新月になれば日食が起こる。 第4回正答率76.4%

Q25 三日月など月が細く見える頃、陰の部分がうっすらと光って見えることがある。これを何というか。

① 地球照
② 月照
③ 半影
④ 本影

Q26 次の文のうち、正しいものを選べ。

① 月は少しずつ地球から離れていて、地球の自転速度は少しずつ速くなっている

② 月は少しずつ地球から離れていて、地球の自転速度は少しずつ遅くなっている

③ 月は少しずつ地球に近づいていて、地球の自転速度は少しずつ速くなっている

④ 月は少しずつ地球に近づいていて、地球の自転速度は少しずつ遅くなっている

Q27 皆既月食を観察すると、月が地球の本影に入る皆既中の月が赤く見える。これはなぜか。

① 皆既中の月は地球の夜の光（人工光）によって照らされるため
② 皆既中の月は地球の昼の地域からの照り返しがあるため
③ 皆既中の月には月の裏側に当たった光がわずかにまわり込むため
④ 皆既中の月は地球の空気の層によって屈折された太陽光によって照らされるため

地球から見て太陽の前を通過する（横切る）ことがない天体はどれか。

① 水星

② 金星

③ 火星

④ 月

月食と日食とでは、起こる頻度はどちらが多いか。

① 月食

② 日食

③ ほぼ同じ

④ 予測不可能なので不明

① 地球照

地球照はその名前のように、地球に当たった太陽の光が地球で反射され、月の陰の部分を照らすことで起こる。1億5000万kmのはるか彼方よりやってきた太陽の光が、直径1万3000 kmの鏡（地球）に反射され、38万km先の月を照らす。何と広大な光のやりとりであろうか。

第2回正答率73.7%

② 月は少しずつ地球から離れていて、地球の自転速度は少しずつ遅くなっている

潮汐力のため、地球の自転エネルギーは奪われ、月の公転エネルギーとなっている。そのため、地球の自転は徐々に遅くなり、月の距離は毎年3.8 cmずつ徐々に遠ざかっている。ところで、皆既日食は、地球から見る月の見かけの大きさと、太陽の見かけの大きさがほとんど同じであることから見られる現象である。月が遠くなると見かけの大きさが小さくなり、太陽をぴったりと隠せなくなる。したがって、皆既日食はそのうち地球から見られなくなってしまう。

第4回正答率65.4%

④ 皆既中の月は地球の空気の層によって屈折された太陽光によって照らされるため

皆既月食の際は、太陽と地球と月が一直線に並ぶため、地球に当たった太陽の光が月を照らすことはない。また、地球の空気の層で屈折した光で照らされた月面は、赤い光が散乱の影響を受けにくいため、赤っぽく見えることになる。

第8回正答率86.0%

③ 火星

地球より内側を回る惑星の水星と金星は、地球から見て太陽面を通過していく現象が見られ、それぞれ水星の太陽面通過、金星の太陽面通過という。地球の外側を公転する火星は、太陽の前を通過する現象は地球からは見られない。月が太陽の前を通過する現象は日食である。太陽、月、地球の位置関係によって、皆既日食、金環日食、部分日食となる。

第9回正答率91.9%

② 日食

日食は太陽―月―地球が一直線に、月食は太陽―地球―月が一直線に並ぶと見られる。下図のように、日食が起こる可能性のある領域の直径と、月食が起こる可能性がある領域の直径を比べると、日食のほうが大きくなるので、日食が起こる可能性が高くなる。21世紀の100年間では、月食は142回起こる（皆既月食85回・部分月食57回）。それに対して、日食は、224回も起こる（皆既日食68回、金環日食72回、金環皆既日食7回、部分日食77回）。つまり、日食のほうが、月食よりもおよそ1.6倍の頻度で起こる計算となる。平均して、年に2回ほど起こる日食だが見たことのない人が多いのではないだろうか。それは、月食は月さえ見えていれば地球の半分以上の位置から観察できるのに対して、日食は地球にできる月の影の範囲でしか見ることができないからである。ちなみに、これから日本で見られる日食は、金環日食なら2030年6月1日（ただし北海道のみ。ほかは部分日食）、皆既日食なら2035年9月2日（北陸から関東の一部、ほかは部分日食）である。

第9回正答率49.0%

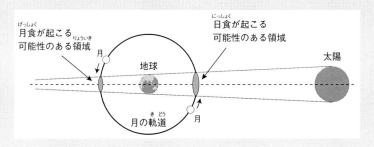

5章

EXERCISE BOOK FOR ASTRONOMY·SPACE TEST

たいようけい
太陽系の仲間たち

Q1 惑星が星座を形づくる恒星の間を動いていくように見えるのはなぜか。

① 太陽のまわりを回る惑星を地球から眺めているため

② 恒星が惑星に対して動いていくため

③ 惑星が地球のまわりを回っているため

④ 惑星がでたらめに動いているため

Q2 内惑星の特徴で間違っているものはどれか。

① 自ら光らず、太陽の光を反射している

② 星座の中を行ったり来たりする

③ 真夜中でも見ることができる

④ 月のように満ち欠けをする

Q3 次のうち、衛星が見つかっていないものはどれか。

① 金星

② 火星

③ 天王星

④ 海王星

2020 年秋に、東の空に明るく赤く 輝(かがや)く火星が見える。特に 2020 年に火星が明るく見られる理由として、最も適切(てきせつ)なものは、次のうちどれか。

① 火星が地球に接近し、見かけ上大きくなったため
② 変光星(へんこうせい)である火星が膨 張(ぼうちょう)により大きくなったため
③ 火星が地球から遠ざかり、見かけ上小さくなったため
④ 変光星(へんこうせい)である火星が 収 縮(しゅうしゅく)により小さく集中したため

次のうち、1 日が一番短い惑星(わくせい)はどれか。

① 水星
② 金星
③ 地球
④ 木星

Q 6

太陽系の惑星(わくせい)のうち、楕円軌道(だえんきどう)のつぶれ具合が最も大きいものはどれか。

① 水星
② 火星
③ 木星
④ 海王星(かいおうせい)

① 太陽のまわりを回る惑星を地球から眺めているため

地球を含めた惑星は太陽のまわりを規則正しく公転している。一方、星座を形づくる星である恒星はすべて太陽と同じように自ら輝く星であり、非常に遠くにあるために地球から見てお互いの位置をほとんど変えないように見える。そのため、地球から見ると、惑星が恒星の間を動いているように見える。

③ 真夜中でも見ることができる

地球の内側を回る内惑星は、太陽から大きく離れることはない。これに対し、真夜中でも見えるためには、地球をはさんで太陽とほぼ反対側にやってこなければならない。

第1回正答率 75.7%

① 金星

太陽系の8つの惑星のうち、衛星が見つかっていないのは水星と金星だけである。地球には1つ（月）だけがあるが、火星には2つ、木星には79個、土星には82個、天王星には27個、海王星には14個も見つかっている（2020年現在）。なお、準惑星（冥王星など）や小惑星のまわりを公転するものも衛星としており、多数見つかっている。ちなみに、木星の衛星イオ、エウロパと同名の小惑星が存在する。このような衛星と小惑星の名前かぶりがいくつもある。

第9回正答率 86.1%

① 火星が地球に接近し、見かけ上大きくなったため

惑星である火星は、地球と同じく太陽の光を反射して輝いている。このため、地球と火星の距離が小さくなり見かけ上大きくなったとき、肉眼で見たときの明るさも明るくなる。地球は火星の軌道の内側をより速く公転しているため、約2年2カ月ごとに火星を追い抜き、そのたびに火星と地球は接近する。

④ 木星

1日の長さを日の出から次の日の出までの時間（太陽日）とすると、地球は1日が24時間であるのに対し、地球上の1日で数えると水星は176日、金星は117日にもなる。一方、木星は自転速度が速く、約10時間で1回転している。そのため自転軸方向の直径に対し赤道の直径が約7％ふくらんだ楕円の形をしている。

第1回正答率 59.4%

① 水星

楕円軌道のつぶれ具合を離心率という。最も正円に近い楕円軌道は離心率で表すと0に近い値になる。太陽系では金星が一番離心率が小さく、0.007である。一番離心率が大きいのが水星で、0.206である。地球は、0.017、海王星は0.009であり、双方とも太陽系の中では、離心率が小さい軌道を公転している。

第9回正答率 22.2%

Q 7 太陽系の惑星のうち、他の惑星とは逆向きに自転しているのはどれか。

① 水星　　　② 金星
③ 地球　　　④ 火星

Q 8 次の中で、昼と夜の温度差が最も大きい惑星はどれか。

① 水星　　　② 金星
③ 地球　　　④ 火星

Q 9 次の中で、一番密度が小さい惑星はどれか。

① 地球　　　② 木星
③ 土星　　　④ 海王星

Q 10 惑星の中で、地球に最も近づいたときの距離が近い順に正しく並んでいるのはどれか。

① 金星－火星－水星
② 火星－金星－水星
③ 水星－金星－火星
④ 火星－水星－金星

Q 11

次の特徴の全てを満たす惑星はどれか。

a) 夜空に肉眼で見ることができる
b) 大気は主に二酸化炭素である
c) 地球よりも太陽から遠くて寒い

① 金星　　　② 火星
③ 土星　　　④ 海王星

Q 12

太陽系天体を直径の小さい順に並べた。正しいものはどれか。

① 月＜水星＜地球＜金星
② 水星＜月＜金星＜地球
③ 月＜水星＜金星＜地球
④ 水星＜月＜地球＜金星

Q 13

太陽系の惑星のうちで、最も直径が小さいものはどれか。

① 木星　　　② 火星
③ 水星　　　④ 地球

Q 14

天王星が発見されたとき、天王星はどの星座の方向にいたか。

① ペルセウス座
② ふたご座
③ はくちょう座
④ おおぐま座

② 金星

金星は自転軸が177°も傾いており、ほぼ逆立ちの状態で太陽のまわりを回っている。なぜ、このようになっているのかはよくわかっていないが、天体衝突の結果なのではないかと考えられている。 第8回正答率84.0%

 ① 水星

金星、地球、火星は大気があり昼に受けた熱量が蓄えられるため、昼と夜の温度差が小さくなる。水星は大気がほとんどないので、昼は400℃以上、夜は−200℃程度と温度差が約600℃もある。 第3回正答率77.8%

 ③ 土星

密度は1 cm³あたりの重さで、水は1 g/cm³、比較的重い鉄は7.9 g/cm³である。土星の平均密度は0.7で水よりも軽いので、巨大な水槽を用意できれば土星は水に浮くといわれる。ちなみに地球は5.5、木星1.3、海王星1.6である。

第1回正答率56.0%

 ① 金星−火星−水星

テキストには平均距離が載っているので、円軌道と仮定して考える。 地球−金星＝0.414億km、地球−火星＝0.783億km、地球−水星＝0.917億kmである。 楕円軌道で計算しても順番は変わらない。

② 火星

まず、肉眼で見えない海王星は a) にあてはまらない。次に、大気の主成分が水素である土星は b) にあてはまらない。さらに、平均気温が400℃もある金星は c) にあてはまらない。3つの特徴を満たすのは火星だけである。　第5回正答率74.2%

③ 月＜水星＜金星＜地球

それぞれの天体の直径は、月：約3500 km、水星：約4900 km、金星：約1万2100 km、地球：約1万2800 kmである。

③ 水星

水星の直径は約5000 kmであり、地球直径の約4割にすぎない。もし、地球を直径約10 cmのソフトボール大だとすると、水星は直径約4 cmのピンポン球くらいの大きさで、火星は直径5 cmくらいの電球の大きさとなる。しかし、太陽系最大の惑星である木星は、約1.2 mと桁違いの大きさである。

② ふたご座

1781年に天王星が発見されたのは、ふたご座である。しかし、この問題は暗記をしていなくても正解できる。残りの3つの星座は黄道十二星座でなく、さらに黄道からも離れているので、惑星が通過する可能性はない。そこで消去法でふたご座となる。

第3回正答率40.2%

Q 15 木星についての記述で間違っているものはどれか。

① 地球から見て、木星は満ち欠けをまったくしないように見える

② 木星の主成分は主に水素やヘリウムである

③ 木星は、太陽系最大の惑星である

④ 惑星探査機「ボイジャー」によって、木星には非常に薄い環があることが発見された

Q 16 海王星が青く見えるのはなぜか。

① 大気に含まれるメタンが赤い光を吸収してしまうため

② 水があり、それが青く見えるため

③ 太陽から遠く離れており、すべてが凍りついているため

④ 科学分析のため青フィルターをかけて撮影したため

Q 17 今のところ環が見つかっていない天体はどれか。

① 火星

② 木星

③ ハウメア（準惑星）

④ カリクロ（小惑星）

Q18 次の図は、太陽系の惑星の内部構造を表している。a〜cにあてはまる惑星の組み合わせとして正しいものはどれか。

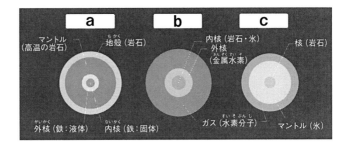

a
マントル（高温の岩石）　地殻（岩石）
外核（鉄：液体）　内核（鉄：固体）

b
内核（岩石・氷）
外核（金属水素）
ガス（水素分子）

c
核（岩石）
マントル（氷）

① a：地球、 b：木星、 c：水星

② a：火星、 b：金星、 c：天王星

③ a：海王星、 b：天王星、 c：地球

④ a：金星、 b：土星、 c：海王星

Q19 毎年8月13日前後に、ペルセウス座流星群の流れ星がたくさん見られる。その理由について正しく述べているものは次のうちどれか。

① 流れ星のもとになる塵をまき散らす彗星が、毎年同じ時期に地球に接近するため

② 流れ星のもとになる塵をまき散らす彗星の軌道を、毎年同じ時期に地球が通過するため

③ 流れ星のもとになる塵をまき散らす彗星が、毎年同じ時期にペルセウス座に見られるため

④ 流れ星のもとになる塵をまき散らす彗星の軌道が、毎年同じ時期に地球をはさんでペルセウス座と反対方向に見られるため

① 地球から見て、木星は満ち欠けをまったくしないように見える

木星は、地球の外側を公転している惑星であるので、水星や金星といった内惑星ほどの満ち欠けはしない。しかし、地球と木星がお互いに太陽を公転する際に、太陽－地球－木星の角度は変化していくので若干の満ち欠けはあり、望遠鏡などで拡大して撮影するとその様子がわかる。天文年鑑などにはその値が記されている。

第2回正答率 58.7%

 ① 大気に含まれるメタンが赤い光を吸収してしまうため

海王星の大気に含まれるメタンは赤い光を吸収し、太陽光があたると青い光をよく反射する性質がある。

第2回正答率 88.2%

 ① 火星

木星の環は1979年に「ボイジャー1号」によって発見された。その後、地上の望遠鏡でも確認された。環をもつのは実は惑星だけでない。1983年の観測で小惑星カリクロ、2017年の観測で準惑星ハウメアにも細い環があることがわかった。ハウメア、カリクロの環はともに恒星の前を横切る時に隠された星が暗くなる現象（恒星食）を利用して発見された。太陽系の天体で他に環が見つかっているのは、土星、天王星、海王星である。

④ a：金星、b：土星、c：海王星

中学校の教科書では、惑星の密度の大小で地球型惑星と木星型惑星に2分されているが、天文学では内部構造も考えて次の3分類が一般的である。図のaは地球型惑星（岩石惑星）で、水星・金星・地球・火星があてはまる。bは木星型惑星（ガス惑星）で、木星・土星があてはまる。cは天王星型惑星（氷惑星）で、海王星・天王星があてはまる。ちなみに、かつて太陽系の惑星の1つとされてきた冥王星は水やメタンの氷が主成分なので、いずれにも分類されなかった。

② 流れ星のもとになる塵をまき散らす彗星の軌道を、毎年同じ時期に地球が通過するため

彗星は太陽に接近した際に周囲に塵をまき散らす。これが、彗星の軌道上に広がり、太陽のまわりを公転している。たまたま、これらの軌道と地球の公転軌道が重なった場所があると、毎年、地球が公転軌道上の同じ場所を通過する同じ時期に、流れ星がたくさん見られることになる。

第5回正答率67.9%

Q 20
次の彗星と流星の記述で正しいものを選べ。

① 彗星より流星のほうが小さい

② 流星より彗星のほうが小さい

③ 彗星も流星も通常、大気中で光って見える

④ 彗星も流星も通常、大気圏外で光って見える

Q 21
国際天文学連合（IAU）が定めた太陽系の惑星の条件にないものはどれか。

① 自ら光らない

② 太陽のまわりを回る

③ 自己重力によって丸くなっている

④ その天体の軌道近くに他の天体がない

Q 22
次のうち、冥王星と同じ種類の天体に分類されているものはどれか。

① ダイモス

② ケレス

③ イオ

④ エンケラドス

毎年 8 月に見られるペルセウス座 流 星群の流れ星の写真として正しい
ものは、次のうちどれか。

①

②

③

④

次の図は彗星の構造を表している。A は何を示しているか。

① 宇宙 ジェット
② イオンの尾
③ コマ
④ ダストの尾

A 20 ① 彗星<small>すいせい</small>より流星のほうが小さい

流星は、1mm程度の砂粒<small>すなつぶ</small>のようなものが、地球の大気に飛び込んできて光る現象。彗星は太陽のまわりを回る天体で、宇宙<small>うちゅう</small>空間で太陽の光に照らされて光る。

第4回正答率 73.9%

A 21 ① 自ら光らない

国際天文学連合<small>こくさいてんもんがくれんごう</small>（IAU）は、太陽系の惑星<small>たいようけい わくせい</small>を「太陽を周回し、十分大きな質量を持つために自己重力<small>じこ</small>が固体に働く種々の力よりも勝る結果、重力平衡形状<small>へいこう</small>（ほぼ球状）を持ち、その軌道近くから<small>きどう</small>（衝突合体<small>しょうとつがったい</small>や重力散乱<small>さんらん</small>により）他の天体を排除<small>はいじょ</small>した天体」と定義した。ちなみに、太陽以外の恒星を公転<small>こうせい こうてん</small>する惑星のことを太陽系外惑星<small>たいようけいがいわくせい</small>（または単に系外惑星）といい、2020年3月現在で4200個以上の太陽系外惑星が確認されている。これらの中に生命が存在<small>そんざい</small>するかどうかはまだわからない。

第9回正答率 64.5%

A 22 ② ケレス

ダイモスは火星の衛星<small>えいせい</small>。イオは木星の衛星。エンケラドスは土星の衛星。ケレスは小<small>しょう</small>惑星帯<small>わくせいたい</small>にある最大の天体で1801年の発見当初は惑星に分類されていたが、同じような軌道<small>きどう</small>をもった天体が発見されるようになり1850年代に小惑星に再分類された。その後、ケレスは十分に大きく球状の形をしていることから、2006年に冥王星<small>めいおうせい</small>とともに準惑星<small>じゅんわくせい</small>に登録<small>とうろく</small>された。

第8回正答率 75.7%

②

①は東の空の日周運動を撮影したもの。③、④は
彗星の写真。②は左側中央を中心に、四方に流星
が流れているのがわかる。流星が四方に流れる中
心を放射点と呼び、ペルセウス座流星群は、その
放射点がペルセウス座にある。

第8回正答率70.5%

② イオンの尾

尾をなびかせながらやってくる彗星の本体は、塵が混ざった氷の塊で核と呼ばれ、
表面が砂で汚れた雪だるまにもたとえられる。彗星が太陽に近づくと、熱によって表
面の氷が昇華して内部のガスや塵が放出されて核を包み込むコマができる。コマから
は、ガスでできたイオンの尾が太陽と反対方向に伸びる。塵でできたダストの尾も太
陽と反対方向に伸びるがやや方向が違うのは、太陽からの光の圧力や彗星の核の軌
道運動の影響を受けるからである。ちなみに、宇宙ジェットとは、中心の天体（原
始星・コンパクト星・ブラックホールなど）から双方向に吹き出している、細く絞られ
たプラズマガスの噴流のことである。

第9回正答率79.2%

Q 25

たいようけい　しょうわくせいたい
太陽系の 小 惑星帯はどこにあるか。

① 土星と木星の公転軌道の間

② 木星と火星の公転軌道の間

③ 火星と地球の公転軌道の間

④ 地球と金星の公転軌道の間

Q 26

たんさ
「はやぶさ2」が探査した天体はどれか。

①

©NASA/JPL

②

©JAXA

③

©ESA/Rosetta/NAVCAM

④

© JAXA、東大など

Q 27

小 惑星の説明として間違っているのはどれか。

① 主に火星と木星の間に帯状に分布している

② 惑星より小さな天体で、多くは氷が主成分である

③ 地球に 衝 突する可能性のある地球近傍天体を含んでいる

④ 最初に発見されたのはケレスである

Q 28

2017 年 9 月、13 年間に及ぶ土星軌道上での探査を終えた土星探査機の名前は、次のうちどれか。

① パイオニア

② ボイジャー

③ ガリレオ

④ カッシーニ

A
25　② 木星と火星の公転軌道の間

太陽のまわりを公転する天体のうち、惑星と準惑星およびそれらの衛星をのぞいた小天体を太陽系小天体といい、それらのうち主に木星の軌道周辺より内側にあるものを小惑星という。2020年現在で、小惑星番号をつけられたものだけでも54万個以上ある。小惑星のほとんどは、木星と火星の公転軌道の間にあって、この領域を小惑星帯、またはメインベルトという。ここに小惑星が多く分布するのは、木星の強い重力によって惑星形成の最終段階が妨げられて、多くの小さな天体が1つの惑星になれずにそのまま太陽のまわりを回るようになったからだと考えられている。ちなみに、日本の探査機「はやぶさ」は2005年に小惑星イトカワに、「はやぶさ2」は2019年に小惑星リュウグウにそれぞれ着陸している。　第9回正答率88.3%

A
26　④

2014年12月に打ち上げられた小惑星探査機「はやぶさ2」は、2018年6月に小惑星リュウグウへ到着し、表面の観測や2度のタッチダウンによるサンプル採取、人工クレーターの生成などを行った。2020年末に地球へと帰還予定である。①はアメリカの木星探査機「ガリレオ」が撮った小惑星イダ。②は日本の探査機「はやぶさ」が撮った小惑星イトカワ。③はヨーロッパ宇宙機関（ESA）の探査機「ロゼッタ」が撮ったチュリュモフ・ゲラシメンコ彗星。　第9回正答率44.5%

© JAXA、東大など

A27 ② 惑星より小さな天体で、多くは氷が主成分である

多くの小惑星は岩石を主成分とした天体で、主に火星と木星の軌道の間に分布している。その中で最大の天体がケレスであるが、現在は準惑星に分類されている。大きさは直径数mから数百kmのものまで、番号が登録されているものだけでも54万個以上ある（2020年時点）。また地球に接近する軌道をもつものもある。現在、監視されている地球近傍小惑星の中で、今後100年間に地球に衝突する可能性のある天体は発見されていない。

A28 ④ カッシーニ

選択肢の探査機のうち、「ガリレオ」以外は、いずれも土星を訪れている。しかし、「パイオニア」と「ボイジャー」は土星の重力を利用し、さらに遠方に飛び去ったのに対し、土星探査機「カッシーニ」は、2004年に土星の周回軌道に入った。このため、長期にわたって環の詳細な構造や衛星の様子などを観測し、多くの発見をもたらした。しかし、機器の寿命が近づいたため、2017年9月に土星本体に突入して運用を終了した。

第8回正答率74.8%

たいようけい　　かなた
太陽系の彼方には何がある

Q1 天文単位とは、もともとは何を指したものか。

① 地球から月までの距離

② 光が1年間に進む距離

③ 地球から太陽までの距離

④ 天文学で使う単位の総称

Q2 太陽から地球までの距離はおよそどれくらいか。

① 4万km

② 38万km

③ 1億5000万km

④ 9兆4600億km

Q3 「30万km/秒×60秒×60×24×365」という計算式は、何を表していると考えられるか。

① 黄道上の太陽のみかけのスピード

② 1光年

③ 地球の公転軌道の長さ

④ 銀河系（天の川銀河）の一周の長さ

Q4

次のうち、最も距離が長いのはどれか。

① 1光年
② 1天文単位
③ 地球から太陽までの平均距離
④ 地球から冥王星までの平均距離

Q5

地球が A 地点から B 地点まで太陽のまわりを公転したとき、AB 間の直線距離はどれくらいか。

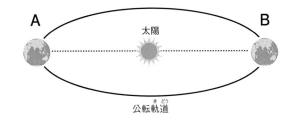

① 1 au　　② 2 au
③ 4 au　　④ 10 au

Q6

こと座の 1 等星ベガの年周視差は 0.13 秒角である。これからベガまでの距離は何光年となるか。年周視差 1 秒角となる天体までの距離は 1 パーセク（3.26 光年）である。

① 約20光年　　　② 約25光年
③ 約30光年　　　④ 約35光年

③ 地球から太陽までの距離

1天文単位（てんもんたんい）の長さは約1億4960万kmで、もともとは、地球から太陽までの平均距離（きょり）（地球の公転軌道（こうてんきどう）の長半径）として与えられた長さの単位。これは太陽系内（たいようけい）での距離を表すのに使われることが多い。たとえば、土星は太陽から約10天文単位にある。つまり、地球と太陽の間の距離の10倍のところにあるのである。光が1年間に進む距離は1光年という。

第 7 回正答率 87.4%

③ 1億5000万km

太陽から地球までの平均距離（きょり）を1天文単位（てんもんたんい）（au）といい、太陽系内（たいようけい）の天体の距離を表す際によく用いられる。たとえば5天文単位は太陽から地球までの距離の5倍ということになる。1天文単位の正確な値（あたい）は149597870.7 kmである。①は地球1周の距離、②は地球から月までの距離、④は光が1年間に進む距離。

② 1光年

光の速度はおよそ秒速30万km。1年はおよそ3150万秒（60秒×60分×24時間×365日）なので、光は1年間におよそ9兆4600億km進む。これが1光年である。

第 4 回正答率 53.2%

① 1光年

1 天文単位とは地球から太陽の間の距離（約1億5000万km）を1として考えた単位なので、②と③は同じである。1光年は約10兆kmと太陽系を超えるような距離なので、冥王星までの距離（約60億km）はわからなくても答えはわかる。

第 8 回正答率 65.1%

② 2 au

太陽と地球の距離は約1億5000万kmでそれを1 天文単位（au）という。設問の図では、地球の公転面の対角上に地球が位置した場合なので、2 auとなる。

第 9 回正答率 85.6%

② 約25光年

年周視差が1秒角の天体までの距離が1パーセク（3.26光年）であるので、3.26光年×（1秒角／0.13秒角）＝25.08光年となる。

第 5 回正答率 47.1%

Q7 地球の公転軌道の一周の長さはおよそ6天文単位である。この軌道上に地球をすき間なく並べようとすると、およそいくつ必要か。

① 約70個　　② 約700個
③ 約7000個　　④ 約70000個

Q8 あなたは1天文単位を500秒で通過できる宇宙船を開発した。この宇宙船に乗って、友人のいるシリウスまで旅行したいが、だいたい何年かかるだろうか。ただし相対論的効果は考えなくてもよい。

① 9年　　② 90年
③ 900年　　④ 9000年

Q9 1天文単位あたりの運賃が1円の銀河鉄道があったとして、距離11.5光年のプロキオンまで、およそいくらかかるか。

① 72万円　　② 720万円
③ 7200万円　　④ 7億2000万円

Q10 恒星を地球から距離の近い順に並べた。正しいのはどれか。

① 太陽―ケンタウルス座アルファ星―バーナード星―シリウス
② プロキオン―シリウス―ケンタウルス座アルファ星―バーナード星
③ 太陽―ケンタウルス座アルファ星―シリウス―バーナード星
④ シリウス―バーナード星―プロキオン―ケンタウルス座アルファ星

Q 11

次の星座のうち、天の川の近くにないのはどれか。

① おおぐま座

② はくちょう座

③ カシオペヤ座

④ オリオン座

Q 12

太陽系に最も近い1等星は、ケンタウルス座アルファ星である。では、3番目に近い1等星はどれか。

① こいぬ座プロキオン

② おおいぬ座シリウス

③ わし座アルタイル

④ ケンタウルス座ベータ星

Q 13

夜空で天の川が帯状に見えるのはなぜか。

① 宇宙全体にわたる星の分布に帯状のかたよりがあるため

② 天の川の見える方向だけ星間ガスが少なく、遠くまで見とおすことができるため

③ 円盤状に星が分布している中に地球があり、その円盤の方向に遠くまで多くの星が見えるため

④ 理由はわかっていない

6章

太陽系の彼方には何がある

④ 約70000個

地球の公転軌道の一周は約9億kmであり、地球の直径は約1万3000 kmである。まじめに計算してもいいが、①～③までは1万倍しても一周に全然足りないので、消去法で考えると楽である。なお、地球は1年で9億km進むので、1日に250万km（地球190個分）も移動している。

 ① 9年

1天文単位、つまり太陽－地球間を500秒＝8分20秒で通過する、ということは、この宇宙船は光速で航行できる。シリウスまで8.6光年なので、おおざっぱに言えば、9年で着けるだろう。なお、相対論的効果を考慮すると、光速船内の経過時間は0である。 第4回正答率 30.8%

 ① 72万円

プロキオン（こいぬ座アルファ星）までの距離は11.5光年である。1光年は約6万3000天文単位なので、約72.5万天文単位ということになる。1天文単位の運賃が1円ならば、料金は72万5000円かかる計算になるので①が正答となる。

 ① 太陽―ケンタウルス座アルファ星―バーナード星―シリウス

距離はそれぞれ、太陽：8光分、ケンタウルス座アルファ星：4.3 光年、バーナード星（へびつかい座）：5.9光年、シリウス（おおいぬ座アルファ星）：8.6光年、プロキオンは11.5 光年である（数値は2020年版『理科年表』による）。

① おおぐま座

はくちょう座、カシオペヤ座、オリオン座は天の川に沿った位置にある。一方、北斗七星を含むおおぐま座は、天の川から離れた位置にある。おおぐま座のあたりは天の川の星や星雲に邪魔されることがないので、非常に遠方の銀河が発見されている。

① こいぬ座プロキオン

①が3番目に近い1等星で11.5光年先にある。②は2番目に近い1等星で全天で一番明るい恒星（8.6光年）。③は全天で4番目に近い恒星（17光年）。④はケンタウルス座の中で、アルファ星の次に明るいのでベータ星となっているが（星座によってアルファ、ベータの順は例外あり）、太陽系に近いわけでなく392光年彼方にある。

③ 円盤状に星が分布している中に地球があり、その円盤の方向に遠くまで多くの星が見えるため

地球は、直径約10万光年の中央のふくらんだ形をしたレンズ状の星の大集団（銀河系）の中にあるため、周囲を見渡したとき、円盤の方向に遠くまで多くの星が続き、帯状の天の川として見えることになる。

6 章 太陽系の彼方には何がある

Q 14　天の川に沿って、あまり星のない黒いすじのようなところがある。それは何か。

① 暗黒物質

② 暗黒星団

③ 暗黒星雲

④ 暗黒領域

Q 15　銀河系の大きさはだいたいどのくらいか。

① 直径10光年

② 直径1000光年

③ 直径10万光年

④ 直径100万光年

Q 16　冬の大三角のひとつ、シリウスは最も明るい恒星である。もし、太陽を回る地球の軌道を直径1mの円とすると、シリウスは太陽からどれくらい離れた場所にあることになるか。ここで、シリウスと太陽の距離は 8.6光年（54万天文単位）とする。

① 54 km

② 86 km

③ 270 km

④ 540 km

Q 17 次の図は銀河系（天の川銀河）の正面図ならびに側面図である。それぞれに入る値の組み合わせで正しいものはどれか。

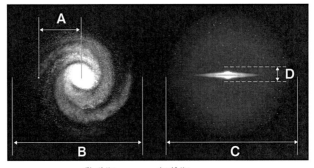

A：銀河系中心から太陽系の位置まで
B：銀河系の直径
C：ハローの広がり
D：バルジの厚み

① A：1万光年　　B：15万光年　C：30万光年　D：1000光年
② A：2.6万光年　B：10万光年　C：15万光年　D：1.5万光年
③ A：2600光年　B：1万光年　　C：10万光年　D：1000光年
④ A：2.6万光年　B：15万光年　C：30万光年　D：1.5万光年

Q 18 目で見える星座の星の数が数千個とすると、銀河系の中にある恒星の何%が見えている計算か。

① およそ0.000001%
② およそ0.00001%
③ およそ0.0001%
④ およそ0.001%

③ 暗黒星雲
<ruby>暗黒星雲<rt>あんこくせいうん</rt></ruby>

手前に暗黒星雲があり、<ruby>背景<rt>はいけい</rt></ruby>の星々を<ruby>隠<rt>かく</rt></ruby>している。暗黒星雲は暗く、星が少ないように見えるが、星の材料が濃く<ruby>集<rt>こ</rt></ruby>まり、星の卵がつくられつつある場所でもある。<ruby>宮沢<rt>みやざわ</rt></ruby><ruby>賢治<rt>けんじ</rt></ruby>の『<ruby>銀河鉄道<rt>ぎんがてつどう</rt></ruby>の夜』にも、「<ruby>石炭袋<rt>せきたんぶくろ</rt></ruby>」という暗黒星雲が登場する。

第3回正答率66.2%

 ③ 直径10万光年

<ruby>銀河系<rt>ぎんがけい</rt></ruby>は<ruby>天<rt>あま</rt></ruby>の<ruby>川銀河<rt>がわ</rt></ruby>とも<ruby>呼<rt>よ</rt></ruby>ばれる星の大集団。私たちの住む<ruby>太陽系<rt>たいようけい</rt></ruby>は銀河系の中心から2万6000～2万8000光年<ruby>離<rt>はな</rt></ruby>れたところにある。

 ③ 270 km

1<ruby>天文単位<rt>てんもんたんい</rt></ruby>は地球と太陽の<ruby>距離<rt>きょり</rt></ruby>である。問題では、地球の<ruby>軌道<rt>きどう</rt></ruby>直径を1mとしているので、1天文単位は0.5 mとなる。するとシリウスまでの54万天文単位は27万m＝270 kmに相当する。

第5回正答率31.4%

② A：2.6万光年　B：10万光年　C：15万光年　D：1.5万光年

銀河系の大きさについては、常に研究が続けられており、様々な値が提案されている。最近ではGAIAという人工衛星により、太陽系近傍の恒星の距離がより正確に求められている。

第8回正答率71.3%

① およそ0.000001%

天の川銀河の星は円盤部、バルジに集中し、その数は数千億個と見積もられている。目に見えているのは全体の1億分の1、すなわち、0.000001（100万分の1）％である。

銀河系にはおよそ何個の星（恒星）があるか。

① 数万個　　　② 数百万個
③ 数億個　　　④ 数千億個

太陽系は銀河系の中を2億3000万年かけて回っていると考えられる。太陽系はこれまでに、銀河系を約何周しているか。

① 1周　　　② 3周
③ 20周　　　④ 88周

次の図は銀河系の側面図である。太陽の位置はどれか。

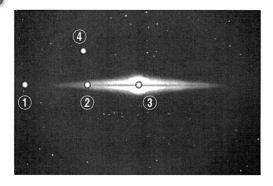

Q 22 球状星団の説明として、正しくないものはどれか。

① 数億年かけて銀河系の周囲を回っている
② 多くは銀河系のハローに分布している
③ ブラックホールによって誕生する
④ 数十万個の恒星が集まっている

Q 23 「石炭袋」について、正しいのは次のうちどれか。

① 炭素を主成分とする星雲である
② 暗黒星雲で塵（ダスト）を含んでいる
③ ブラックホールである
④ 天の川に星の窓が開いている

Q 24 次のうち、銀河系の外にあるものはどれか。

① オリオン大星雲
② シリウス
③ 石炭袋
④ 大マゼラン雲

④ 数千億個

銀河系は直径約10万光年の円盤形をしており、円盤部、バルジ、ハローなどからなっている。そこにはおよそ2000億～4000億個の恒星が存在していると考えられる。暗くて小さい恒星は観測するのが難しく、正確な数を把握するのはなかなか難しい。

 ③ 20周

銀河系のまわりを回る太陽系の回転速度は220 km／秒と推定されており、銀河系を一周するのに約2億3000万年かかる。太陽系が生まれて46億年くらい経っているので、

46億年÷2億3000万年／周≒20周 第7回正答率76.5%

 ②

太陽系は銀河系（円盤部の半径およそ5万光年）中心から2.6～2.8万光年の距離にある。太陽系は銀河系中心のまわりを約220 km／秒で公転していると推定されており、太陽系が円軌道を描いて公転しているとするならば、その周期は約2億3000万年となり、銀河系を一周している間に恐竜が繁栄したのち絶滅し、今に至っているということになる。また、太陽系誕生からこれまでに20周している計算となる。

第9回正答率81.9%

③ ブラックホールによって誕生する

球状星団は恒星がお互いの重力で球状に集まった天体で、ハローに多く分布しており、数億年かけて銀河系の周囲を回っている。一部バルジの中にも球状星団は存在している。球状星団は非常に年齢が古いとされているが、他の銀河には若い球状星団もあることがわかってきた。球状星団の中心には巨大なブラックホールが発見されている例もあるが、これは球状星団ができたあとにつくられたと考えられていて、ブラックホールによって恒星が集まり球状になったわけではないので、③が間違いてある。

第 9 回正答率 62.4%

② 暗黒星雲で塵（ダスト）を含んでいる

石炭袋は、南天の天の川に浮かぶ暗黒星雲であり、その主成分は水素である。星雲中の塵（ダスト）が背景の星の光を遮るため黒く見える。宮沢賢治の『銀河鉄道の夜』では、「そらの孔だよ」と表現されているが、逆にガスや塵が濃く集まった場所である。星が誕生している場所でもあり、電波を出している。

④ 大マゼラン雲

いずれも肉眼で確認できる天体であるが、大マゼラン雲は銀河系の衛星銀河であるので、銀河系外にある。なお、大マゼラン雲は天の南極付近にあり、日本からは見えない。

第 9 回正答率 73.4%

6
章

太陽系の彼方には何がある

Q 25 アンドロメダ銀河までの距離がわかったために、歴史的に明らかになった事実は何か。

① アンドロメダ銀河に衛星銀河がある
② 石炭袋は銀河系の中にある星雲のひとつである
③ 大マゼラン雲は銀河系の中にある
④ 銀河系が宇宙全体ではない

Q 26 大マゼラン雲は銀河系のまわりを公転している。このような銀河を何と呼ぶか。

① 衛星銀河
② 天の川銀河
③ 子持ち銀河
④ 浮島銀河

Q 27 銀河が重力的に多数結び付いてつくる集団・構造について、その大きさを小さい順に並べたものとして正しいものはどれか。

① 銀河群＜銀河団＜超銀河団＜宇宙の大規模構造
② 銀河団＜銀河群＜超銀河団＜宇宙の大規模構造
③ 銀河団＜超銀河団＜銀河群＜宇宙の大規模構造
④ 超銀河団＜銀河団＜銀河群＜宇宙の大規模構造

Q 28

2015 年に初めて捉えられた 重 力 波源 GW150914 の 略 号 GW
はどんな意味か。

① Gravity Whisper

② Gravitational Whisper

③ Gravity Wave

④ Gravitational Wave

Q 29

次の言葉とその語源の組み合わせとして、正しくないのはどれか。

① 「宇 宙」＝空間と時間

② 「ユニバース」＝ひとつになったもの

③ 「コスモス」＝混沌

④ 「マルチバース」＝多宇宙

④ 銀河系が宇宙全体ではない

20世紀初頭まで、銀河系が宇宙全体なのか、そうでないのかの議論が続いていた。エドウィン・ハッブルがアンドロメダ銀河の中の脈動変光星を観測し、知られていた変光周期と光度の関係と、銀河系の大きさの情報から、アンドロメダ銀河が銀河系の外にある、別の同等の存在であることを見出した。ここに、銀河系が宇宙全体ではないことが判明したのである。 第8回正答率61.4%

① 衛星銀河

銀河系やアンドロメダ銀河などの大型銀河の周囲には、小さな銀河が周回している。そのような銀河を衛星銀河と呼び、大マゼラン雲と小マゼラン雲は銀河系に従う衛星銀河である。大マゼラン雲、小マゼラン雲ともに有名であるが、いずれも天の南極付近にあって、日本から見えない。 第5回正答率78.0%

① 銀河群＜銀河団＜超銀河団＜宇宙の大規模構造

銀河は宇宙にまんべんなく分布しているわけではなく、所々で集団をつくっている。小規模なものが銀河群、大規模なものが銀河団で、これらが多数集まったものが超銀河団である。その超銀河団たちがおりなす宇宙で最も大きな構造が宇宙の大規模構造である。 第9回正答率62.9%

④ Gravitational Wave

Gravitationalは「重力の」、Waveは「波」なので、GWはまさに重力波源であることを表している。日本語では③も④も重力波と呼ぶのでまことに紛らわしいが、③は流体力学系の重力波で、重力が復元力となって起きる現象。海の波や山の近くで流れる雲が波打つなどの現象として身近に見られる。一方、④は相対性理論から導き出される重力による時空のゆがみが空間を伝わる現象で、英語ではちゃんと区別されている。

③「コスモス」＝混沌

コスモス (cosmos) は、秩序を表す言葉である。混沌はカオス (chaos) という。神話では、世界の始まりについて「混沌から秩序が生まれた」とするものがあるが、現代の宇宙論でも、この宇宙（コスモス）は、カオスから生まれたとされている。一方、最新の宇宙論では、私たちの存在する宇宙には別の無数の宇宙が考えられており、これをマルチバース (multiverse) ＝多宇宙という。なお、「宇宙」は、紀元前2世紀の中国の歴史書『淮南子』に出てくる言葉で、「宇」が空間、「宙」が時間を表わしている。宇宙は、文字通り時空のことである。

7
章

天文学の歴史

Q 1

現在、日本で公式に使われている暦はどれか。

① 太陰暦　　　　② 太陰太陽暦

③ ユリウス暦　　④ グレゴリオ暦

Q 2

日本が 1872 年まで使用していた暦は何か。

① 太陽暦　　　　② 太陰暦

③ 太陰太陽暦　　④ 太陽太陰暦

Q 3

最古の太陽暦といわれる暦は古代エジプトで用いられていたが、暦のもととなったのは太陽の観察ではない。では、次のどの天体の運行に基づきつくられた暦だったか。

① 月　　　　　　② 金星

③ シリウス　　　④ 天王星

Q 4

October とはラテン語で何番目の月という意味か。

① 7番目　　　　② 8番目

③ 9番目　　　　④ 10番目

Q5 太陰暦や太陽暦と生活との関係について、正しく述べたものはどれか。

① 収穫祭の月見をするなど、農耕と太陰暦は相性がよい

② 現在使っている太陽暦は人工的な暦なので、農耕にはあわない

③ 潮の干満と関係あるので、太陰暦は漁労には便利だ

④ 国をまたぐ商業契約には、共通の月を使った太陰暦が便利だ

Q6 1月は英語でJanuaryだが、その語源は何か。

① ローマ神話の「時の神」ヤヌス

② ギリシャ神話の「美の女神」アフロディテ

③ 共和制ローマ末期の政治家　カエサル（ユリウス）

④ 初代ローマ皇帝　アウグストゥス

Q7 一月がほぼ30日間とされているのはなぜか。

① 太陽の動きをもとにしているから

② 地球の公転周期をもとにしているから

③ 月の満ち欠けをもとにしているから

④ 誕生星座をもとにしているから

④ グレゴリオ暦

グレゴリオ暦は1582年にユリウス暦を改良して制定したもので、日本では明治6年（1873年）から採用された。日本では、それ以前は月の満ち欠けをもとに太陽の動きを加味した太陰太陽暦が使われていた。 第5回正答率 75.5%

 ③ 太陰太陽暦

日本では飛鳥時代に中国から入ってきた太陰太陽暦である元嘉暦を導入して以来、明治5年（1872年）のグレゴリオ暦への改暦まで太陰太陽暦を使用していた。明治5年（1872年）12月3日を明治6年（1873年）1月1日として、グレオリオ暦へと改暦が行われた。

 ③ シリウス

最古の太陽暦とは、古代エジプトで用いられたシリウス暦のこと。月の運行（満ち欠け）をもとにつくられたのは太陰暦である。金星暦を用いたのは中米のマヤ文明の人達である。天王星が発見されたのは、1781年のことである。 第4回正答率 45.5%

 ② 8番目

欧米の月名は古代ローマ帝国の暦に起源があり、1月〜6月は神話の神々の名前、7月〜12月は数詞で名づけられた（ただし、現在7月と8月は時の権力者の名前がついている）。当時の暦は年初を3月においていたため、10月は8番目となる。

第9回正答率 54.0%

③ 潮の干満と関係あるので、太陰暦は漁労には便利だ

太陰暦は、月の満ち欠けを基準にしており、潮の干満とリンクしているので、漁労者にとってはわかりやすい暦であった。一方、年間での季節変化とリンクしている太陽暦は、農耕にあった暦といえる。この2つをあわせた太陰太陽暦が使われた地域もあるが、国家間でシステムが違うとわかりにくいので、国際交流が盛んになると、よりシンプルな太陽暦が世界的に使われるようになった。なお、全ての暦は人間の取り決めであり、自然を参照しているものの人工的なものである。 第8回正答率77.6%

 ① ローマ神話の「時の神」ヤヌス

4月（April）はアフロディテ、7月（July）はカエサルの名前ユリウス、8月（August）はアウグストゥスが語源となっている。英語で1月から6月までの月名は神話の神々、9月から12月はラテン語の7番目から10番目という意味の言葉から名づけられた。

 ③ 月の満ち欠けをもとにしているから

月の満ち欠けは約29.5日の周期で繰り返され、これをもとに1ヵ月という単位を人間がつくった。また、月の満ち欠けは1年で約12回繰り返されるので、1年はおおむね12ヵ月となる。 第8回正答率58.7%

Q8 暦（カレンダー）で2月だけが28日しかない。その理由として関係ないのはどれか。

① 2000年前には3月が1年の始まりだったため
② ローマ皇帝が自分の名前がついた月の日数を31日（大の月）にしたため
③ フランス革命の際に暦が変更されたため
④ 現在使っているグレゴリオ暦がユリウス暦を改良したものであるため

Q9 明治以前に日本で使われていた不定時法について、正しいのはどれか。

① 夏至の日より冬至の日の方が昼間の時刻の間隔が長い
② 夏至の日より冬至の日の方が昼間の時刻の間隔が短い
③ 夏至の日より冬至の日の方が夜間の時刻の間隔が短い
④ 季節によらず、時刻の間隔は変わらない

Q10 子午線について述べた文で、間違っているのはどれか。

① 1884年までは、グリニッジ子午線が世界中で使われていた
② 日本では明石を通る子午線をもって中央子午線としている
③ 子午線を統一するため、かつて国際子午線会議が開催された
④ 子午線とは、時刻の原点を決める経度線という意味でも使われる

Q11 次の西暦年のうち、閏年でないものはどれか。

① 2000年　　　② 2020年
③ 2100年　　　④ 2120年

Q 12

地球などの天体の動きに基づく時刻（天文時）と原子時計に刻まれる時刻（原子時）は、しだいにずれてくる。このズレを解消するためにどうしているか。

① およそ 4 年に 1 回、閏日を挿入している

② 19 年に 7 回、閏月を挿入している

③ 天文時と原子時が 1 秒以上ずれないように、閏秒による調整を行う

④ 特に何もしていない

Q 13

船上で精密な経度を測定するために、イギリスのハリソンが開発した道具は次のうちどれか。

① クロノメータ

② 羅針盤

③ ジャイロスコープ

④ 六分儀

Q 14

火星の軌道が楕円であることを発見したのはだれか。

① ニコラウス・コペルニクス

② ティコ・ブラーエ

③ ヨハネス・ケプラー

④ アイザック・ニュートン

③ フランス革命の際に暦が変更されたため

現在使っているカレンダーであるグレゴリオ暦は、2000年前にローマ帝国で採用されたユリウス暦を元にしている。そのユリウス暦の当初の年初は3月で、365日の日数を各月に配分する際に大の月の31日と小の月の30日が交互になるようにした。ところが初代ローマ皇帝のアウグストゥスが小の月になるはずの8月に自分の名前をつけて大の月にしてしまったため、年の終わりの2月の日数が特に少なくなることになった。

 ② 夏至の日より冬至の日の方が昼間の時刻の間隔が短い

不定時法では夜明けを昼間の始まり、日暮れを昼間の終わりとし、昼夜をそれぞれ六等分した時刻を使っていた。昼の長さは季節によって変化するので、1時間あたり（一刻という）の長さも季節によって変化した。冬のほうが夏よりも昼間が短いため、一刻の間隔が短かったのである。現在は季節によらず1時間の長さが同じ定時法が使われている。

 ① 1884年までは、グリニッジ子午線が世界中で使われていた

子午線は、もともと「南北を通る線」という意味である。以前は、各国ごとに特定の経度の子午線を使って、独自に時刻を決定していた。ただ、国ごとに基準の子午線が違うと国際交易などで不便なので、1884年に国際子午線会議が開催され、ロンドン郊外のグリニッジ天文台の子午環が通る子午線を本初子午線とした。これによりグリニッジとの時差9時間の時刻が日本標準時として定められた。 第8回正答率 56.8%

 ③ 2100年

4で割り切れる西暦が閏年となるが、さらに100で割り切れる年は、閏年にしない。しかし、さらに400で割り切れるときは閏年となる。 第9回正答率 41.0%

③ 天文時と原子時が1秒以上ずれないように、閏秒による調整を行う

閏日は暦と太陽の運行（季節の移り変わり）とのズレを解消するものである。閏月は太陰太陽暦（いわゆる旧暦）において、暦と太陽の運行が1カ月以上ずれたときに挿入される。閏秒が天文時と原子時とのズレを解消するもので、2017年1月1日には、8時59分59秒の後に59分60秒として1秒が追加された。

① クロノメータ

18世紀当時、六分儀などによって天体の位置を測定し、緯度を求め、クロノメータで経度を測定して、現在位置を算出しながら航海していた。ハリソンが開発したクロノメータはそれまでの振り子式時計に比べ、船の揺れや温度変化に影響されることのない精度の高いぜんまい式時計である。

③ ヨハネス・ケプラー

ニコラウス・コペルニクスは地動説を提唱したが、天体の軌道はきれいな円軌道だとした。ティコ・ブラーエは、火星の正確な観測記録を多く残したが、火星を含めて惑星の軌道についてはコペルニクスが提唱した円軌道を信じていた。ヨハネス・ケプラーはティコ・ブラーエたちの観測結果を基に自らの観測も含めて、火星は楕円軌道であることを発見した。アイザック・ニュートンが誕生したときには既にケプラーの楕円軌道は世に発表されていた。 第8回正答率 52.5%

次の図は北極側からみた地球を表している。本初子午線と子午線 A のなす角が 120° のとき、その時差はいくらか。

① 4時間
② 8時間
③ 12時間
④ 16時間

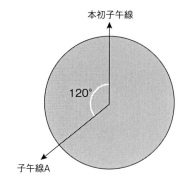

本初子午線

120°

子午線A

 太陽中心説を唱えたとされる人物として間違っているのはどれか。

① アリスタルコス
② アリストテレス
③ ニコラウス・コペルニクス
④ ガリレオ・ガリレイ

 古代ギリシャで地球は太陽のまわりを回っていると言った哲学者は誰か。

① アリストテレス
② アリスタルコス
③ アルキメデス
④ アキレウス

Q18 次の事柄を時代の古い順に並べたとき、2番目に来るのはどれか。

A：ティコ・ブラーエが肉眼により精度の高い観測をした

B：アリスタルコスが太陽中心説（地動説）を提唱した

C：ヨハネス・ケプラーが惑星の運動を司る法則を発見した

D：プトレマイオスが天動説を集大成した

① A　　② B　　③ C　　④ D

Q19 天動説で惑星の運動を説明するために、プトレマイオスが導入した円軌道を何というか。

① 公転円

② 相対円

③ 天球円

④ 周転円

Q20 次の人物とその著作の正しい組み合わせはどれか。

A：プトレマイオス　　　　　ア：『天球図譜』

B：ニコラウス・コペルニクス　イ：『星界の報告』

C：ガリレオ・ガリレイ　　　ウ：『天体の回転について』

D：ジョン・フラムスチード　エ：『アルマゲスト』

① A－ア、B－イ、C－ウ、D－エ

② A－イ、B－ア、C－エ、D－ウ

③ A－ウ、B－エ、C－ア、D－イ

④ A－エ、B－ウ、C－イ、D－ア

 ② 8時間

地球は24時間で1回自転するので、1時間あたり360°÷24時間＝15°回転する。
したがって、求める時差は120°÷15°＝8時間となる。

本初子午線とは、経度0度0分0秒（分は度の60分の1、秒は分の60分の1の角度）
と定義された子午線で、地球上の経度・時刻の基本となる。ちなみに、本初子午線は、
かつてイギリスのグリニッジ天文台を基準としたグリニッジ子午線としていたが、地球
の座標のとり方の変更から、グリニッジ天文台の約100m東を通るIERS基準子午
線に変更された。 第9回正答率 85.7%

 ② アリストテレス

アリストテレスは宇宙を同心円状の階層構造として捉え、その中心に地球があると考
えた。アリスタルコスは宇宙の中心に太陽が位置しているという太陽中心説を最初に
唱えたが、広く受け入れられることはなく、約2000年後、コペルニクスが再び太陽中
心説を唱え、発展した。 第9回正答率 50.6%

 ② アリスタルコス

アリストテレスの考察は自然学全般におよんでいるが天動説を唱えた。アルキメデスは
浮力の法則、円周率の計算で有名。アキレウスは物語に出てくる俊足の英雄。

④ D

アリスタルコス→プトレマイオス→ティコ・ブラーエ→ヨハネス・ケプラーの順となる。
必ずしも天動説の方が地動説よりも古いとは一概に言えないことに注意しよう。

 ④ 周転円

プトレマイオスは周転円を導入するこ
とにより、惑星などの運行速度や進
行方向の変化を精度よく記述するこ
とに成功し、『アルマゲスト』を著
した。

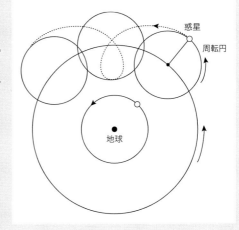

惑星

周転円

地球

 ④ A－エ、B－ウ、C－イ、D－ア

2世紀に完成したプトレマイオスの『アルマゲスト』は天動説の集大成。地動説を唱え
たニコラウス・コペルニクスの『天体の回転について』（1543年刊）は、彼の死の直
前に出版された。『星界の報告』（1610年刊）でガリレオ・ガリレイは、自身で製作
した望遠鏡で観測した金星の満ち欠け等の現象を記述。『天球図譜』（1729年刊）
は、初代グリニッジ天文台長のジョン・フラムスチードによる星図であり、出版後、天
文学で広く用いられた。　　　　　　　　　　　　　　　　第8回正答率 66.5%

Q 21 次の中で、ガリレオ・ガリレイが天体を観測し発見したものでないものはどれか。

① 月のクレーターや「海」
② 天の川が無数の星の集団からなること
③ 木星の衛星
④ 土星の環

Q 22 次のうち、最も古い出来事はどれか。

① 月のクレーターの発見　　② 木星の衛星の発見
③ 屈折望遠鏡の発明　　④ 反射望遠鏡の発明

Q 23 ガリレオ式望遠鏡と比べた次の文のうち、間違っているものはどれか。

① ケプラー式望遠鏡は視野が広い
② ケプラー式望遠鏡は凹レンズを使用している
③ ケプラー式望遠鏡は倒立像が見える
④ ケプラー式望遠鏡は高倍率にできる

Q 24 望遠鏡の形式名称として、存在しないものはどれか。

① ガリレオ式望遠鏡
② ケプラー式望遠鏡
③ コペルニクス式望遠鏡
④ ニュートン式望遠鏡

Q 25 図の望遠鏡のタイプとして正しいものはどれか。

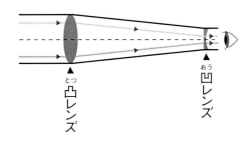

▲凸(とつ)レンズ   ▲凹(おう)レンズ

① ガリレオ式屈折(くっせつ)望遠鏡

② ケプラー式屈折望遠鏡

③ ニュートン式反射(はんしゃ)望遠鏡

④ カセグレン式反射望遠鏡

Q 26 活躍(かつやく)した時代の古い順に正しく並(なら)べられているものを選べ。

① 浅田剛立(あさだごうりゅう) → 安倍清明(あべのせいめい) → 伊能忠敬(いのうただたか) → 高橋至時(たかはしよしとき)

② 安倍清明 → 麻田剛立 → 高橋至時 → 伊能忠敬

③ 伊能忠敬 → 麻田剛立 → 安倍清明 → 高橋至時

④ 安倍清明 → 高橋至時 → 麻田剛立 → 伊能忠敬

Q 27 TMT の略称(りゃくしょう)で呼(よ)ばれる次世代超(ちょう)大型望遠鏡の正式名称(めいしょう)はどれか。

① Ten Meter Telescope

② Thirteen Meter Telescope

③ Thirty Meter Telescope

④ Thousand Meter Telescope

 ④ 土星の環

ガリレオ・ガリレイは土星を観察したが、周囲の天体を環と確認することはできず「耳」と記している。土星の環を初めて認めたのはクリスティアーン・ホイヘンスでガリレオ・ガリレイの観察から40年以上後のことである。

 ③ 屈折望遠鏡の発明

オランダで望遠鏡が発明されたことを聞いたガリレオは1609年に屈折望遠鏡を製作し、金星の満ち欠け、月のクレーター、木星の衛星など、数々の観測成果を上げた。その後、屈折望遠鏡で色のにじみが生じる問題を解決するため、1668年にニュートンが反射望遠鏡を発明した。

第9回正答率 57.8%

 ② ケプラー式望遠鏡は凹レンズを使用している

ガリレオ式望遠鏡は凸レンズと凹レンズを組み合わせた望遠鏡で、正立像が見えるものの視野が狭く高倍率にしにくいという欠点があった。ケプラーは接眼レンズに凸レンズを使用することで、倒立像にはなるもののこれらの欠点を改善させた。

第8回正答率 54.6%

 ③ コペルニクス式望遠鏡

①は対物レンズに凸レンズ、接眼レンズに凹レンズ。②は対物、接眼とも凸レンズ。④は反射凹面鏡と平面鏡を組み合わせたもの。いずれも考案した人物の名前がつけられている。③の名称をもつ望遠鏡は存在しない。

第9回正答率 74.5%

① ガリレオ式屈折望遠鏡

凸レンズと凹レンズを組み合わせたものをガリレオ式屈折望遠鏡といい、正立像であるが視野が狭いという特徴がある。②は凸レンズと凸レンズの組み合わせ、③、④は鏡と凸レンズを組み合わせた望遠鏡である。

 ② 安倍清明 → 麻田剛立 → 高橋至時 → 伊能忠敬

安倍清明は平安時代に活躍した人物で、朝廷の機関である陰陽寮の天文博士として、天体観測などを行った。麻田剛立は1763年の日食を予想し、的中させるなどして名声を得た人物で、その弟子が1798年に寛政の改暦を成し遂げた高橋至時、さらにその弟子が1800年から1816年までの17年をかけて全国を測量した伊能忠敬である。

第7回正答率 55.9%

 ③ Thirty Meter Telescope

TMTは2027年稼働開始を目指して、ハワイのマウナケア山に建設計画が進められている口径30mの大型望遠鏡。完成後は初期の宇宙のファーストスター（初代星）や遠方銀河、太陽系外惑星などを観測し、それらの謎の解明に挑む予定である。しかし、マウナケア山頂は先住民の聖地であるため、2020年現在、建設が住民の反対運動や訴訟により中断されている。プロジェクトそのものは望遠鏡の設計や技術開発を行うなど継続している。

8章

EXERCISE BOOK FOR ASTRONOMY·SPACE TEST

そして宇宙へ

Q1 一般に、宇宙空間といわれるのは地上何 km からとされるか。なお、地球の半径は約 6400 km である。

① 10 km   ② 100 km

③ 1000 km   ④ 10000 km

Q2 地球でオゾンが多く存在しているのは次のうちどこか。

① 対流圏   ② 成層圏
③ 中間圏   ④ 熱圏

Q3 「無重量（状態）」として、次のうち間違っているのはどれか。

① 重力の影響を受けていない状態
② 宇宙ステーション中のように重力を感じない状態
③ 重力が存在していても、何らかの力と打ち消しあって重力を感じない状態
④ 自由落下している乗り物の中の状態

Q4 空気のない宇宙空間では、ロケットは後方にガスを高速で噴射し、その反動を利用して前に移動する力を得ている。同じ原理で宇宙を移動することができるものがあるとすれば、次のうちどれか。

① 飛行機のジェットエンジン   ② 空気でふくらませた風船
③ ソーラープロペラ飛行機   ④ 竹とんぼ

次の図と解説文の A、B、C にあてはまる組み合わせとして正しいもの
はどれか。

地上から宇宙へ向けて【 A 】や【 B 】は連続的に変化する。一般
的には高度【 C 】より上空を宇宙空間と定めている。

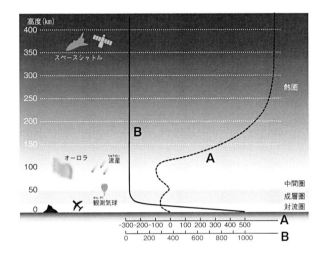

① A：気圧　　　B：気温　　　C：300 km

② A：気温　　　B：気圧　　　C：300 km

③ A：気温　　　B：気圧　　　C：100 km

④ A：気圧　　　B：気温　　　C：100 km

地上ではまっすぐ飛ぶ紙飛行機を、国際宇宙ステーション（ISS）の
中で飛ばすとどうなるか。

① まっすぐ進む

② すぐに止まる

③ 宙返りする

④ 右か左に曲がりつづける

8章　そして宇宙へ

A1 ② 100 km

いっぱん
一般に地上100 km以上を宇宙と呼ぶ。国際宇宙ステーションは、地上約400 km
を周回している。ちなみに地球大気が関係する流星は高度80〜120 km程度で発
光している。100 kmで急に何かが変わるのではなく、ひとつの目安である。

A2 ② 成層圏

しがいせん   げんし   ぶんし
オゾンは紫外線により化学反応を起こした酸素原子と酸素分子が結合することで生成
され、約90%が成層圏（高度約10〜50 km上空）に存在する。このおかげで、地
上の生命は有害な紫外線から保護されている。　　　　　　第6回正答率 89.5%

A3 ① 重力の影響を受けていない状態

むじゅうりょう
無重量（状態）とは、重力の影響は受けているが、何らかの力と打ち消しあって重力が
ないように感じる状態。重力の影響を受けていない状態（重力がない状態）は無重力
（状態）という。重力は質量をもつ物体間に働く力で、距離が離れるほど弱くなる性質があ
るため、重力を及ぼす天体から遠く離れた宇宙空間では、無重力（状態）に近いといえる。

A4 ② 空気でふくらませた風船

ふくらませた風船は空気を吹き出しながら、その反動を推進力として前へ移動するこ
とができる。ジェットエンジンは空気がなければ燃料を燃やすことができず、ソーラー
プロペラ飛行機や竹とんぼは、プロペラを回転させても空気がないため推進力を得る
ことができない。　　　　　　　　　　　　　　　　　第5回正答率 68.3%

③ A：気温　　B：気圧　　C：100 km

上空へと上がっていくと空気は薄くなっていく。10 kmあたりでは十分に薄くなっているので、気圧も大幅に下がる。大気圏の上方では気温が高くなっているが、空気の密度が低いため、やけどをすることはない。

第7回正答率65.5%

③ 宙返りする

地上であれば、紙飛行機を下向きに引く重力と、上に持ち上げようとする翼の揚力がはたらく。しかし、国際宇宙ステーション（ISS）内では、重力がはたらかないので、翼の揚力だけで上へ上へ向かおうとして、紙飛行機は宙返りしてしまう。ちなみに、ISS内は無重量なので本来上下の区別はないのだが、壁に取り付けた計器類や表示ラベルなどの向きがばらばらでは使い勝手が悪いので、照明のついているほうが上、その向かい側には青い線を引いて下と決め、目で見て上下がわかるようにしている。

第9回正答率83.2%

Q7
国際宇宙ステーションは地上からおよそ 350 km の高さで地球を回っている。地球をリンゴの大きさ（直径 12 cm）とすると、国際宇宙ステーションはリンゴの表面からどれぐらいの距離を回っていることになるか。地球の直径を 1 万 2000 km として計算せよ。

① 0.35 mm   ② 0.7 mm

③ 3.5 mm   ④ 7.0 mm

Q8
日本が初めて人工衛星の打ち上げに成功したのはいつか。

① 1960年

② 1970年

③ 1980年

④ 1990年

Q9
次のうち、探査機が軟着陸した最も遠い惑星はどれか。

① 火星

② 木星

③ 土星

④ 天王星

Q 10 次の天体の衛星の中で、探査機が着陸したものを選べ。

① 火星

② 木星

③ 土星

④ 冥王星

Q 11 次の中で、時期が一番遅かったのはどれか。

① 日本初の静止気象衛星「ひまわり」の打ち上げ

② 日本初の宇宙飛行士秋山豊寛の搭乗

③ 日本初の人工惑星「さきがけ」の打ち上げ

④ 日本初のペイロードスペシャリスト毛利衛の搭乗

Q 12 これまでに無人探査機が軟着陸していない天体は、次のうちどれか。

① 金星

② 火星

③ 木星の衛星イオ

④ 土星の衛星タイタン

8章 そして宇宙へ

③ 3.5 mm

地球の直径1万2000 kmに対しリンゴの直径は12 cmであるから、1億分の1に 縮
尺(しゃく)して考えればよい。350 kmは350,000,000 mm。1億分の1にすると3.5 mm。
宇宙(うちゅう)といえど、国際宇宙ステーションは地球にへばりつくほど近い高さを回っている
ということがわかる。

② 1970年

1970年2月11日、日本初の人工衛星(えいせい)である「おおすみ」がL－4Sロケット5号機に
よって打ち上げられた。十数時間で電池切れとなり、運用を終了したが、その後33年
間地球を回り続け、2003年に大気圏(たいきけん)へ突入(とつにゅう)し燃え尽きた。

第8回正答率 51.1%

① 火星

④の天王星(てんのうせい)は接近通過のみ。②の木星、③の土星は周回の後、突入(とつにゅう)の探査(たんさ)は行わ
れたが、ガス惑星(わくせい)なので軟(なん)着陸はできない。宇宙(うちゅう)探査機での惑星探査の方法には、
易しい順に、1. フライバイ（接近通過）、2. オービター（惑星の周囲(しゅうい)を回る人工衛
星にする）、3. ランディング(着陸しての探査)、4. サンプルリターン（着陸、または
大気圏(たいきけん)を通過し、試料を採取して地球に持ち帰る）といった方法がある。4. のサン
プルリターンは月と小惑星(しょうわくせい)、彗星(すいせい)に対しては行われているが、惑星はいまだ行われて
いない。

第8回正答率 46.2%

③ 土星

①火星の衛星フォボスには、かつてロシアが2011年に探査機「フォボス・グルント」でサンプルリターンを目指したが、火星に向かうことができず失敗に終わった。JAXAが2020年代に無人探査機を着陸させる計画があるが、2019年現在、着陸した探査機はない。②の木星では今までもないし、計画中の「エウロパ・クリッパー」も繰り返しのフライバイによる観測となる。③は土星探査機「カッシーニ」の子機、「ホイヘンス」が、2005年に衛星タイタンに着陸している。④は通過時に冥王星の衛星の観測のみ。

第9回正答率 15.1%

④ 日本初のペイロードスペシャリスト毛利衛の搭乗

①は1977年にアメリカから打ち上げ、②は1990年、③は1985年にハレー彗星探査機として打ち上げ、④は1992年。このように、①の実用衛星の製作が一番早く行われた。続くのが③の科学・太陽系探査で、地球に対する人工衛星ではなく太陽を周回する人工惑星になっている。宇宙飛行士として最初に宇宙に行ったのは②のソユーズ宇宙船で打ち上げられミールに滞在した秋山豊寛である。④のペイロードスペシャリスト、つまり宇宙船への科学者としての毛利衛の搭乗が一番遅い。

第8回正答率 33.8%

③ 木星の衛星イオ

金星は旧ソ連の探査機「ヴェネラ3号」（1965年）が、火星はアメリカの「バイキング1号」（1975年）が、タイタンは探査機「カッシーニ」に搭載された、ヨーロッパのホイヘンス探査機（2005年）がそれぞれ軟着陸した。

第8回正答率 39.8%

8章 そして宇宙へ

165

Q 13

20世紀半ば以降、アメリカと旧ソ連を中心に宇宙開発が本格化した。世界で初めて成功した国がアメリカであったのは、次のうちどれか。

① 初の人工衛星の打ち上げ成功
② 初の有人宇宙飛行
③ 初の宇宙遊泳
④ 初の月面有人着陸

Q 14

1970年、日本は初めての人工衛星「おおすみ」の打ち上げに成功した。これにより、日本は世界で何番目の人工衛星打ち上げ国となったか。

① 3番目　　　② 4番目
③ 5番目　　　④ 6番目

Q 15

本格的な宇宙開発が始まったのは、20世紀初頭の液体燃料ロケットの開発からといわれている。後に「ロケットの父」とも呼ばれ、液体燃料ロケットの打ち上げ実験を世界で初めて成功させたロケット工学者の名前は次のうちどれか。

① ヘルマン・オーベルト（ドイツ）
② ロバート・ゴダード（アメリカ）
③ ヴェルナー・フォン・ブラウン（ドイツ・アメリカ）
④ 糸川英夫（日本）

Q16
日本の宇宙開発の先駆けは、糸川英夫教授によるペンシルロケットの発射実験である。次の海外の宇宙開発の出来事の中で、最もペンシルロケットの発射実験が行われた年に近いものはどれか。

① スプートニク1号による人類初の人工衛星の打ち上げ（ソ連：現ロシア）
② ボストーク1号による人類初の有人宇宙飛行（ソ連）
③ マリナー2号による人類初の惑星（金星）探査（アメリカ）
④ アポロ11号による人類初の月面着陸（アメリカ）

Q17
日本の宇宙開発の先駆けとなった、東京大学の糸川英夫教授らによる日本初のロケット実験は非常にユニークなものであったことで知られている。次のうち正しいものはどれか。

① 空に向けて発射せず、水平に発射した
② 液体燃料を使った
③ ロケットの機体に竹が使われていた
④ パラシュートを開いて地上にふわりと降りてくるものであった

Q18
巨大な宇宙実験施設「国際宇宙ステーション」は、約90分で地球を一周する。宇宙ステーションでは、1日平均何回、日の出を迎えることになるか。

① 約1回　　　② 約8回
③ 約16回　　④ 約24回

④ 初の月面有人着陸

①は1957年「スプートニク1号」によって、②は1961年「ボストーク1号」に乗ったユーリ・ガガーリンによって、③は1965年にアレクセイ・レオーノフによって、それぞれ達成された。これらは、いずれも旧ソ連が行ったものである。④はアメリカのアポロ計画によりアポロ11号が1969年に達成した。 第8回正答率88.3%

 ② 4番目

ソ連（現ロシア）：1957年の「スプートニク1号」、アメリカ：1958年の「エクスプローラー1号」、フランス：1965年の「アステリックス」、日本：1970年2月の「おおすみ」、中国：1970年4月の「東方紅1号」、イギリス：1971年の「アリエル1号」と続く。

第7回正答率43.9%

 ② ロバート・ゴダード（アメリカ）

ゴダードが行った液体燃料ロケットの打ち上げは、1926年3月16日マサチューセッツ州で行われ、その技術を実証する貴重な実績となった。しかし、こうした研究が評価され始めたのは彼の死後のことで、NASAは1959年に初めて設置した宇宙飛行センターを、ゴダードの業績に敬意を表し「ゴダード宇宙飛行センター」と命名した。

第5回正答率27.4%

① スプートニク1号による人類初の人工衛星の打ち上げ（ソ連：現ロシア）

スプートニク1号の打ち上げは1957年。ボストーク1号の打ち上げは1961年。マリナー2号の打ち上げは1962年。アポロ11号の月面着陸は1969年。日本のペンシルロケット実験は1955年に行われた。わずか23 cmの小さな機体による水平発射実験で、ロケットの基礎的な飛翔データを得ることが目的であった。日本の宇宙開発が産声を上げたのは、ソ連（現ロシア）による人類初の人工衛星の成功とほぼ同時期。ソ連やアメリカと比べて、日本はかなり遅れてスタートを切ったことがうかがえる。

① 空に向けて発射せず、水平に発射した

1955年に発射実験が行われた超小型の固体燃料ロケット。1号機は長さ23 cm、直径1.8 cm、重量約200 g。水平発射を繰り返すことで、ロケットの基本的な特性を効率よく明らかにしていった。このユニークなロケット水平発射実験は世界的に高く評価され、ペンシルロケットはアメリカのスミソニアン航空宇宙博物館でも展示されている。

第4回正答率 62.9%

③ 約16回

地球を一周するたびに日の出と日の入りを1回迎えるので、国際宇宙ステーションが1日に地球を何周するか考えればよい。1日は24時間×60分＝1440分。1440分÷90分＝16回。

第4回正答率 78.1%

Q 19

国際宇宙ステーションを構成する日本の有人実験棟の名称は次のうちどれか。

① のぞみ
② きぼう
③ さくら
④ はるか

Q 20

「はやぶさ2」が小惑星リュウグウの表面に着地を試みた。この着地を何というか。

① タッチダウン
② インパクタ
③ ターゲットマーカ
④ ランデブー

Q 21

火星探査車「キュリオシティ」の大きさに近いものはどれか。

① ラジコンカー
② ベビーカー
③ 軽トラック
④ 大型バス

Q22 歴史上初めての小惑星探査を行った探査機は次のうちどれか。

① 火星探査機「バイキング1号」

② 木星探査機「ガリレオ」

③ 小惑星探査機「ニア・シューメーカー」

④ 土星探査機「カッシーニ」

Q23 日本が今後、打ち上げる予定の月面着陸探査機の名前はどれか。

① SMART

② SPIRIT

③ SLIM

④ SLENDER

Q24 ボイジャーシリーズ探査機の記述として、間違っているものはどれか。

① 木星、土星、天王星、海王星と次々と接近して写真撮影に成功した

② 地球外生命に向けてメッセージが書かれたレコード盤が搭載されている

③ 木星のリングを発見した

④ 土星のまわりを回りながら詳しい探査を行った

② きぼう

国際宇宙ステーションには宇宙飛行士が滞在し、無重量状態を利用した実験をはじめ、宇宙や地球観測など多彩な活動が実施されている。日本の実験棟「きぼう」は、国際宇宙ステーション最大の実験棟として知られている。ちなみに「のぞみ」は火星探査機、「さくら」は静止通信衛星、「はるか」は電波天文観測衛星の愛称。

① タッチダウン

「はやぶさ2」は小惑星リュウグウからのサンプルリターンを目的に、2019年に2回のタッチダウンを行った。リュウグウ表面は太陽に暖められ高温であるために、機器が故障するのを防ぐため、一瞬のうちにサンプルを回収しリュウグウの地表から離れなければならない。着地地点に正確に降りられるように、ターゲットマーカを先にリュウグウに落とし、それを目印に「はやぶさ2」は着地を行った。インパクタは人工的にクレーターをつくるための装置で、リュウグウに射出した衝突体をぶつけクレーター生成に成功した。ランデブーとは、宇宙空間で、宇宙船や人工衛星が速度を合わせて接近すること。ドッキング（つながる）前にランデブーを行うが、ドッキングしないランデブーもある。接近はするが速度を合わさず、すれ違う場合はフライバイという。

第9回正答率 83.2%

③ 軽トラック

「キュリオシティ」は長さ3m、総重量は900kgもあり、これはその前に火星に投入された「スピリット」や「オポチュニティ」に比べると5倍の重量である。2012年から活動を開始し、搭載されている科学機器を用いて、火星の地質の調査などを進めている。2018年11月には「インサイト」も加わり地質調査がパワーアップした。

第8回正答率 53.5%

② 木星探査機「ガリレオ」

「ガリレオ」は1991年木星に向かう途中、小惑星ガスプラへ接近観測。ちなみに、①「バイキング1号」は小惑星探査をしていない。③「ニア・シューメーカー」は1997年小惑星マチルドに接近。④「カッシーニ」は2000年小惑星マサースキーを遠方から撮影。

 ③ SLIM

③のSLIM（Smart Lander for Investigating Moon）である。SLIMは、日本初の月面着陸を目指す無人の小型探査機で、「かぐや」が収集したデータを活用するなどして、目標地点から誤差100m程度と精度の高い着陸に挑戦する。2022年度の打ち上げを目指している。①はSLIMに含まれている単語。ヨーロッパ宇宙機構の月探査用技術試験衛星の名前にSMART1がある。②はアメリカの火星探査機の名称。④はSLIMと似た意味の単語である。

第5回正答率 31.5%

 ④ 土星のまわりを回りながら詳しい探査を行った

ボイジャー1号、2号の軌道は、惑星に接近して通過するものであったため、惑星への周回軌道に入ったことはない。①は2号の成果。②は1号、2号ともに搭載。③は1号の成果。④はカッシーニ探査機の成果。

Q 25 次の日本の人工衛星のうち、天文観測衛星はどれか。

① いぶき

② だいち

③ ふよう

④ ひので

Q 26 地図作成・地域観測・災害状況把握・資源探査の幅広い分野で利用される陸域観測技術衛星はどれか。

① ひまわり8号

② いぶき2号

③ だいち2号

④ あずさ2号

Q 27 地球観測衛星などで利用されている技術「リモートセンシング」について、正しく述べているのはどれか。

① 宇宙空間の人工衛星を自在に操る技術

② 離れた場所から対象を直接触れずに観測する技術

③ データを送信する地上のアンテナを衛星が自動で見つけて通信する技術

④ 観測対象によって都合がいい高さを衛星が選んで移動する技術

Q 28

「キュリオシティ」に続くアメリカの火星探査ローバー Mars 2020 の愛称は何か。

① パーシビランス（Perseverance）
② クラリティ（Clarity）
③ カレッジ（Courage）
④ エンデュランス（Endurance）

Q 29

2020 年 4 月に地球スイングバイを実施した探査機「みお」が最終目標としている天体はどれか。

① 水星
② 金星
③ 火星
④ 木星

Q 30

リストラで無職となったが、宇宙飛行士になった弟とのかつての約束を思い出し、宇宙飛行士を目指す兄を描いた小山宙哉の漫画作品はどれか。

①『パスポート・ブルー』
②『プラテネス』
③『2 つのスピカ』
④『宇宙兄弟』

 ④ ひので

天文観測衛星とは、望遠鏡や検出器を搭載し、大気の影響を受けない宇宙空間で天体観測を行う人工衛星をいう。④「ひので」は2020年現在、13年にわたり現役で活躍している太陽観測に特化した日本の天文観測衛星である。①「いぶき」は、二酸化炭素やメタンなどの濃度分布を宇宙から観測する温室効果ガス観測技術衛星。②「だいち」は地図作成や災害状況把握、資源調査などに貢献した地球観測衛星（2011年に運用停止）。現在は「だいち2号」が運用中だ。③「ふよう」は資源探査を主な目的に打ち上げられた地球観測衛星（1998年に運用停止）。 第8回正答率56.5%

 ③ だいち2号

「だいち2号」は、2014年に打ち上げられた陸域観測技術衛星で、地表に向けて電波を照射して、反射された電波を受信して観測するしくみで、災害状況、森林分布の把握や地殻変動の解析などを行っている。従来機の「だいち」は、2011年の東北地方太平洋沖地震（東日本大震災）による津波の冠水被害のようすを鮮明に捉えた。ちなみに、①「ひまわり8号」は現行の気象衛星で、「ひまわり9号」がスタンバイ機としてすでに打ち上がっている。②「いぶき2号」は温室効果ガス観測技術衛星。④「あずさ2号」は、JR東日本の特急列車ならびに兄弟歌手「狩人」のデビュー曲であり、人工衛星ではない。 第9回正答率78.6%

 ② 離れた場所から対象を直接触れずに観測する技術

宇宙から人工衛星のリモートセンシングで地球を観測することによって、広い範囲を一度にとらえることができたり、同じ地域を長期にわたって観測することができたり、直接現地に行かなくても、状態を知ることができたりするほか、人間の目で見ることができない情報（温度など）を知ることができるなどのメリットがある。

① パーシビランス (Perseverance)

Mars 2020は2020年7月に打ち上げられる予定の火星探査ローバー。パーシビランス (Perseverance) は忍耐という意味である。愛称は公募され、そのエッセイコンテストで2万8000件の応募のうち、最多得票を得た13歳の中学生、アレキサンダー・マザーさんの提案が採用されている。

 ① 水星

日本の水星磁気圏探査機「みお」は、ベピコロンボ計画の一部としてヨーロッパの水星探査機「MPO」と太陽防護パーツ「MOSI F」、電気推進をするエンジンの「MTM」と4つのパーツが合体した形で、2018年10月にギアナ宇宙センターから打ち上げられ、2020年4月に最初で最後となる地球スイングバイを実施した。今後は金星でのスイングバイ、水星でのスイングバイを経た後、2025年12月に水星軌道に投入される予定である。

 ④ 宇宙兄弟

『宇宙兄弟』（小山宙哉著）は現在も連載中で、過去にはテレビアニメ化、映画化（アニメ・実写とも）されている。ちなみに、『パスポート・ブルー』（石渡治著）は、主人公が小学校の時にH-Ⅱロケットの打ち上げを見たのをきっかけに、宇宙飛行士を目指すようになった物語。『プラネテス』（幸村誠著）は、スペースデブリ（宇宙ゴミ）回収業者の主人公が、夢と現実との葛藤を描いた物語。『2つのスピカ』（柳沼行著）は、頑張り屋の少女が宇宙飛行士を目指す物語。

8章

そして宇宙へ

監修委員 (五十音順)

天文宇宙検定 公式問題集

3級 星空博士 2020〜2021年版

天文宇宙検定委員会 編

2020年7月20日 初版1刷発行

発行者　　　片岡　一成
印刷・製本　株式会社ディグ
発行所　　　株式会社恒星社厚生閣
　　　　　　〒160-0008
　　　　　　東京都新宿区四谷三栄町3番14号
　　　　　　TEL　03 (3359) 7371 (代)
　　　　　　FAX　03 (3359) 7375
　　　　　　http://www.kouseisha.com/
　　　　　　http://www.astro-test.org/

IISBN978-4-7699-1651-2 C1044

(定価はカバーに表示)